国家自然科学基金项目（编号：51068009）
国家自然科学基金项目（编号：51268019）
云南省科技计划项目（编号： 2014GA009）

筑苑010

筑苑·云南园林

毛志睿　杨大禹　编著

中国建材工业出版社

图书在版编目（CIP）数据

云南园林 / 毛志睿，杨大禹编著．-- 北京：中国建材工业出版社，2019.4
（筑苑）
ISBN 978-7-5160-2487-4

Ⅰ．①云… Ⅱ．①毛… ②杨… Ⅲ．①园林建筑－介绍－云南 Ⅳ．① TU986.627.4

中国版本图书馆 CIP 数据核字（2018）第 290566 号

云南园林
Yunnan Yuanlin

毛志睿　杨大禹　编著

出版发行：中国建材工业出版社
地　　址：北京市海淀区三里河路 1 号
邮政编码：100044
经　　销：全国各地新华书店
印　　刷：北京天恒嘉业印刷有限公司
开　　本：710mm×1000mm　1/16
印　　张：13
字　　数：160 千字
版　　次：2019 年 4 月第 1 版
印　　次：2019 年 4 月第 1 次
定　　价：72.00 元

本社网址：**www.jccbs.com**，微信公众号：**zgjcgycbs**

本书如有印装质量问题，由我社市场营销部负责调换，联系电话：**（010）88386906**

以心築苑
人作天開

築苑叢書雅存
丁酉端午
孟兆禎

孟兆祯先生题字
中国工程院院士、北京林业大学教授

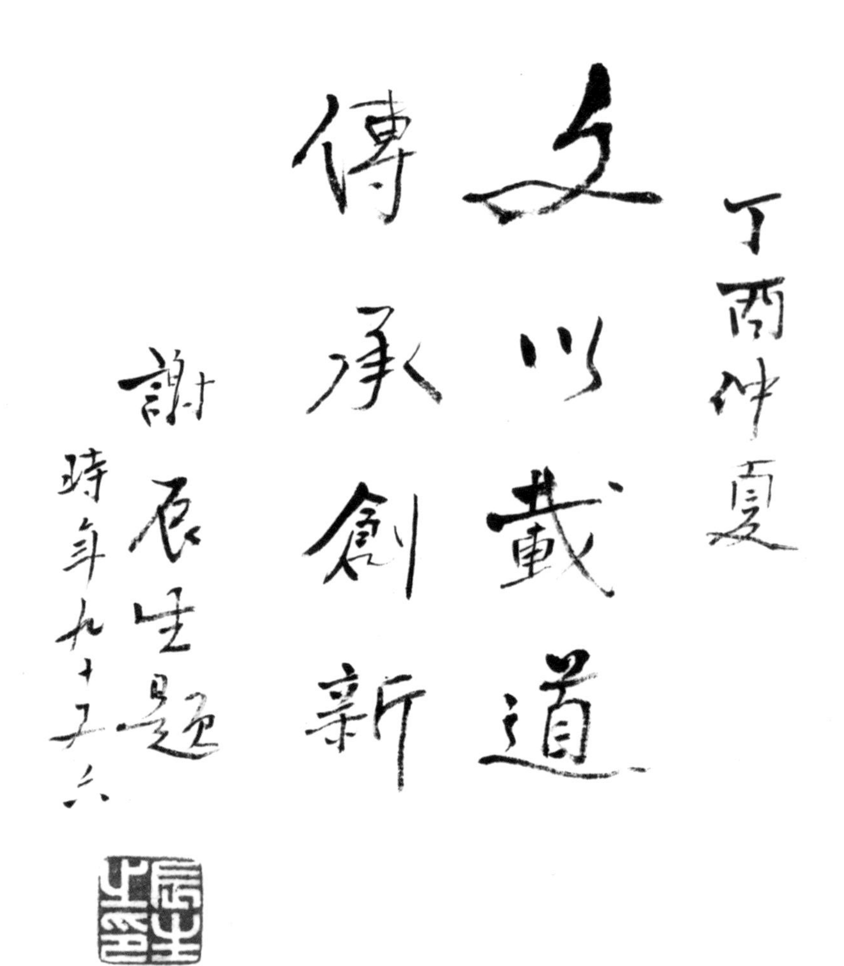

丁酉仲夏
文以載道
傳承創新
謝辰生題
時年九十又六

谢辰生先生题字

国家文物局顾问

筑苑·云南园林

本卷著者

毛志睿　杨大禹

策划编辑

孙　炎　章　曲　李春荣

本卷责任编辑

孙　炎

版式设计

汇彩设计

投稿邮箱：sunyan@jccbs.com.cn

联系电话：010-88376510

传真：010-68343948

筑苑微信公众号

前 言

从我国殷周时期和西亚亚述的“囿”“猎苑”，秦汉时期供帝王游憩的“宫苑”，直到西晋张翰《杂诗》“暮春和气应，白日照园林”，“园林”一词才开始泛指供人们使用的各种游憩环境。时至今日，园林指在一定的地域运用工程技术和艺术手段，通过改造地形（或进一步筑山、叠石、理水）、种植树木花草、营造建筑和布置园路等途径来创作，造就美的环境和游憩境域。

园林同人类的生活环境休戚相关，它为人类创造了美好的环境供我们游览，给我们居住，愉悦我们的精神，因而它是人类创造的最完美的艺术之一。中国传统园林倡导以自然或人造的山水、建筑、观赏植物融为一体的游赏环境，体现了本于自然，高于自然，建筑美与自然美融合，诗画情趣与意境文化彰显的特征。

云南的园林在云南这块红土高原上生根发芽、茁壮成长。因此，它有许多与这个母体特征紧密关联的鲜明个性，如同其他类型的乡土建筑或是土生土长的云南人一样，有让人眷恋的独特环境风貌和割舍不断的乡土情怀。很明显，云南园林的最大特点，主要是依托自然天成的山水环境，加以适量的人工点缀，最终形成自然质朴、视觉开朗与风光秀丽的景观环境。

云南的古典园林，大多与寺观庙宇等宗教寺院紧密结合，融自然的山、水和古建筑、园艺为一体，特别是与整体的山形和水体关系密切，或因山借势，或以水取胜，如昆明西山、宾川鸡足山、巍山巍宝山、通海秀山、昆明大观楼、丽江黑龙潭、蒙自南湖等。“真山真水真自然”成为云南园林最典型的资源环境特色，少了“文人雕琢气”，多了“自然天成意”，独具别于中原文化的园林风骨。

改革开放40年来，以大理三塔倒影公园、云南民族村、昆明世界园艺博览园、中科院西双版纳热带植物研究所、中科院昆明植物所为代表的现代园林，不仅精彩地传承了山水相依的造园手法，更荟萃了云南多民族人文和自然景观，融入了现代植物学研究的生态科学价值观，使得云南园林建设与理念与时俱进，在“一带一路”发展中凸显与东盟各国“一江连六国”的文化交流优势。

本书由四个章节组成，有以下人员参与编写，具体为：毛志睿负责各章节的总体编写，第一章云南园林概述中云南园林的历史沿革、云南的多元人文环境由杨大禹编写，第二章云南山地园林部分实例由谭文超、黎莹、陈曦参与梳理，第三章云南水景园林部分由谭文超、陈歌参与梳理，第四章云南城市园林由董世豪、陈歌参与梳理，各章节的园林分布位置示意图由谭文超完成。

毛志睿

2018年12月

目　录

第一章

云南园林概述

图 1–1　云南典型园林分布示意图

1. 昆明西山森林公园
2. 昆明金殿森林公园
3. 昆明昙华寺公园
4. 昆明大观公园
5. 昆明黑龙潭公园
6. 昆明海埂公园
7. 昆明翠湖公园
8. 昆明宝海公园
9. 昆明莲花池公园
10. 昆明民族村
11. 昆明世界园艺博览园
12. 昆明植物园
13. 安宁楠园
14. 武定狮子山公园
15. 通海秀山公园
16. 大理苍山森林公园
17. 大理三塔倒影公园
18. 宾川鸡足山公园
19. 巍山巍宝山公园
20. 丽江黑龙潭公园
21. 丽江白马龙潭公园
22. 保山易乐池公园
23. 保山太保山武侯祠
24. 腾冲云峰山云峰寺
25. 腾冲叠水河瀑布
26. 南甸宣抚司署
27. 石屏异龙湖万亩荷花园
28. 建水朱家花园
29. 建水张家花园
30. 建水纳楼司署
31. 蒙自南湖公园
32. 景洪曼听公园
33. 西双版纳傣族园
34. 勐海独树成林公园
35. 孟连宣抚司署
36. 西双版纳热带植物园
37. 昭阳望海楼公园
38. 昭阳龙云祠堂

第一节　云南省情与园林特征概说

云南省位于东经97°31′至106°11′，北纬21°8′至29°15′之间，北回归线横贯本省南部，属低纬度内陆地区。全省东西最大横距864.9千米，南北最大纵距990千米。全省总面积约39.41万平方千米，占全国国土总面积的4.1%，居全国第8位。云南省地处中国西南边陲，东部与贵州省、广西壮族自治区为邻，北部与四川省相连，西北部紧依西藏自治区，西部与缅甸接壤，南部与老挝、越南毗邻。云南省有25个边境县，分别与缅甸、老挝和越南交界，国境线长4060千米，其中，中缅边界1997千米，中老边界710千米，中越边界1353千米。有国家一类口岸16个、二类口岸7个。云南省地处我国与东南亚、南亚的结合部，是我国通往东南亚、南亚的窗口和门户，与泰国和柬埔寨通过澜沧江—湄公河相连，并与马来西亚、新加坡、印度、孟加拉等国邻近。[1]

云南是我国民族种类最多的省份，除汉族以外，人口在6000人以上的世居少数民族有彝族、哈尼族、白族、傣族、壮族、苗族、回族、傈僳族等25个。其中，哈尼族、白族、傣族、傈僳族、拉祜族、佤族、纳西族、景颇族、布朗族、普米族、阿昌族、怒族、基诺族、德昂族、独龙族共15个民族为云南特有，人口数均占全国该民族总人口的80%以上。截至2015年末，全省少数民族人口数达1583.3万人，占全省人口总数的33.4%，是全国少数民族人口数超过千万的三个省区（广西、云南、贵州）之一。民族自治地方的土地面积为27.67万平方千米，占全省总面积的70.2%。全省少数民族人口数超过100万的有彝族、哈尼族、白族、傣族、壮族、苗族6个；超过10万不到100万的有回族、傈僳族、拉祜族、佤族、纳西族、瑶族、景颇族、

1　云南省人民政府官网：http://www.yn.gov.cn/yn_yngk/index.html.

藏族、布朗族9个；超过1万不到10万的有布依族、普米族、阿昌族、怒族、基诺族、蒙古族、德昂族、满族8个；超过6000不到1万的有水族和独龙族2个。云南少数民族交错分布，表现为大杂居与小聚居，彝族、回族在全省大多数县均有分布。[1]

云南省简称“滇”或“云”，是人类重要的发祥地之一，生活在距今170万年前的云南元谋猿人，是迄今为止发现的我国甚至亚洲最早的人类。夏、商时期，云南属中国九州之一的梁州。秦朝以前，曾出现古滇王国。秦汉之际，中央王朝在云南推行过郡县制。西晋时期，云南改设为宁州，是全国十九州之一。唐宋时期，曾建立过南诏国、大理国等地方政权。公元1276年，元朝在云南设立行中书省，“云南”正式成为全国省级行政区划名称。1382年，明朝在云南设承宣布政使司、提刑按察使司、都指挥使司，管辖全省府、州、县。清朝沿袭明朝制度，在云南设承宣布政使司，下设道、府、州、县。1911年，全省共设置府15个、厅18个、州32个、县41个、土司区18个。1949年，全省分设1个省辖市、12个行政督察区、112个县、17个设治局、2个对汛督办区。1950年2月24日，云南完全取得解放，从此翻开了崭新的历史篇章。2015年，全省行政区划有16个州（市），分别为昆明市、曲靖市、玉溪市、保山市、昭通市、丽江市、普洱市、临沧市、楚雄彝族自治州、红河哈尼族彝族自治州、文山壮族苗族自治州、西双版纳傣族自治州、大理白族自治州、德宏傣族景颇族自治州、怒江傈僳族自治州、迪庆藏族自治州；全省有129个县（市、区），其中13个市辖区、14个县级市、73个县、29个民族自治县。[1]

一、云南的自然环境概况

地貌（图1–2） 云南属山地高原地形，山地面积33.11万平方千米，占全省总面积的84%；高原面积3.9万平方千米，占全省总面积的10%；盆地面积2.4万平方千米，占全省总面积的6.0%。地形以

1 云南省人民政府官网：http://www.yn.gov.cn/yn_yngk/index.html.

图 1–2　云南省地貌分区示意图

元江谷地和云岭山脉南段宽谷为界，分为东、西两大地形区。东部为滇东、滇中高原，是云贵高原的组成部分，平均海拔 2000 米左右，表现为起伏和缓的低山和浑圆丘陵，发育着各种类型的岩溶（喀斯特）地貌；西部高山峡谷相间，地势险峻，山岭和峡谷相对高差超过 1000 米。5000 米以上的高山顶部常年积雪，形成奇异、雄伟的山岳冰川地貌。全省海拔高低相差很大，最高点海拔 6740 米，在滇藏交界处德钦县境内怒山山脉的梅里雪山主峰卡瓦格博峰；最低点海拔 76.4 米，在河口县境内南溪河与红河交汇的中越界河处，两地直线距离约 900 千米，海拔相差 6000 多米。

地形（图 1–3）　云南省地势西北高、东南低，自北向南呈阶梯状逐级下降，从北到南的每千米水平直线距离，海拔平均降低 6 米。北部是青藏高原南延部分，海拔一般在 3000 ～ 4000 米，有高黎贡山、

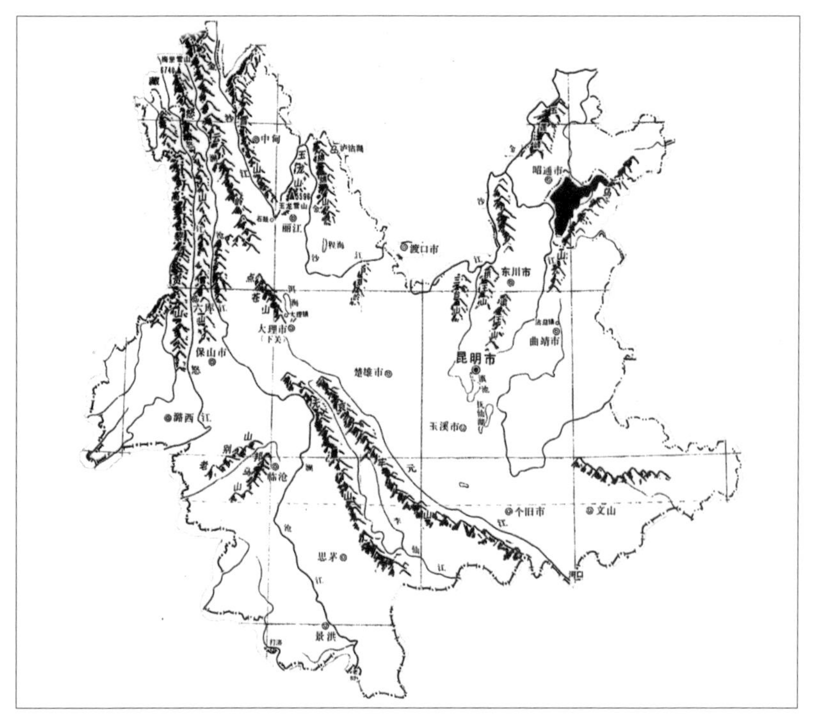

图 1–3　云南省地理山势分布示意图

怒山、云岭等巨大山系和怒江、澜沧江、金沙江等大河自北向南相间排列，三江并流，高山峡谷相间，地势险峻；南部为横断山脉，山地海拔不到 3000 米，主要有哀牢山、无量山、邦马山等，地势向南和西南缓降，河谷逐渐宽广；在南部、西南部边境，地势渐趋和缓，山势较矮、宽谷盆地较多，海拔在 800 ~ 1000 米，局部地区下降至 500 米以下。复杂多变、千差万别的地形地貌，为园林的建设与发展提供了丰富的资源。

水系（图 1–4）　云南省河川纵横，湖泊众多。全省境内径流面积在 100 平方千米以上的河流有 889 条，分属长江（金沙江）、珠江（南盘江）、元江（红河）、澜沧江（湄公河）、怒江（萨尔温江）、大盈江（伊洛瓦底江）六大水系。红河和南盘江发源于云南境内，其余为过境河流。除金沙江、南盘江外，均为跨国河流，这些河流分别流入南中国海和印度洋。多数河流具有落差大、水流湍急、水流量变化大的特点。全省有高原湖泊 40 多个，多数为断陷型湖泊，大体分

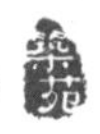

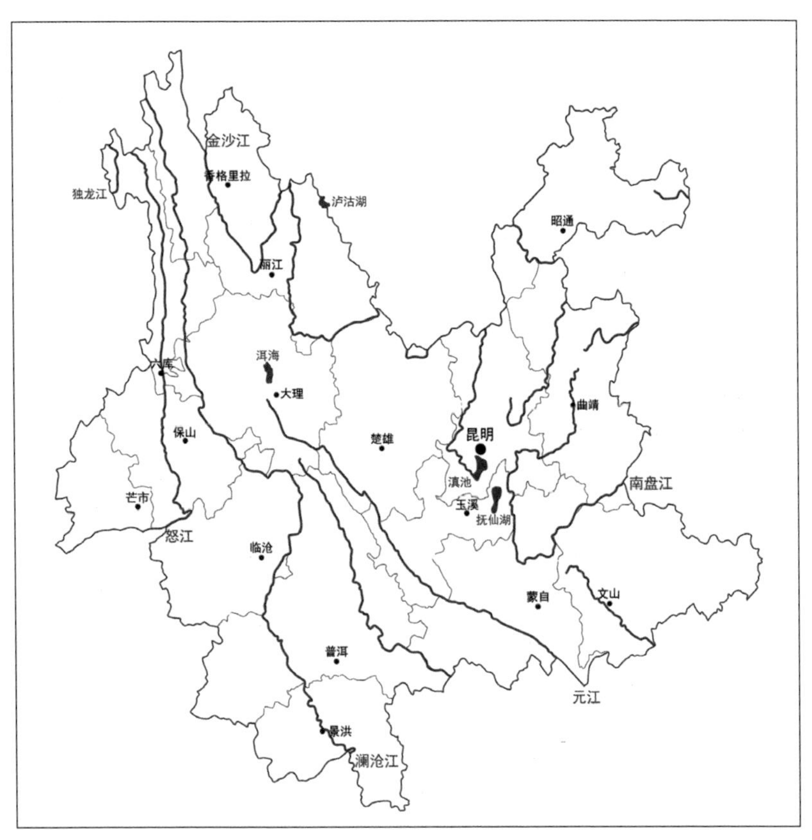

图 1–4　云南省水系分布示意图

布在元江谷地和东云岭山地以南，多数在高原区内。湖泊水域面积约1100 平方千米，占全省总面积的 0.28%，总蓄水量约 1480.19 亿立方米。湖泊中“滇池”面积最大，为 306.3 平方千米；洱海次之，面积约 250 平方千米。抚仙湖深度全省第一，最深处为 151.5 米；泸沽湖次之，最深处为 73.2 米。

气候（图 1–5）　云南省气候基本属于亚热带高原季风型，立体气候特点显著，类型众多，年温差小，日温差大，干湿季节分明，气温随地势高低垂直变化异常明显。滇西北属寒带型气候，长冬无夏，春秋较短；滇东、滇中属温带型气候，四季如春，遇雨成冬；滇南、滇西南属低热河谷区，有一部分在北回归线以南，进入热带范围，长夏无冬，一雨成秋。一个省区同时具有寒、温、热（包括亚热带）三带气候，一般海拔高度每上升 100 米，温度平均递降 0.6 ～ 0.7℃，有

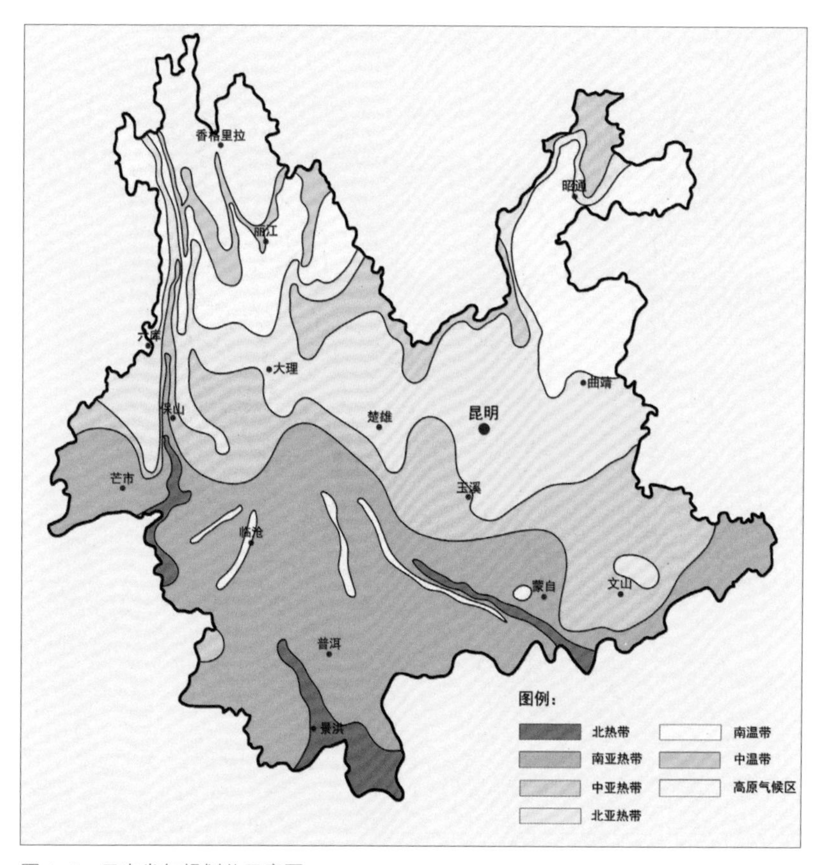

图 1–5　云南省气候划分示意图

“一山分四季，十里不同天”之说，气候景象别具特色。

气温　云南省平均气温，最热（七月）月均温在 19 ~ 22℃之间，最冷（一月）月均温在 6 ~ 8℃之间，年温差一般只有 10 ~ 12℃。同日早晚较凉，中午较热，尤其是冬、春两季，日温差可达 12 ~ 20℃。

降水　云南省降水在季节和地域上的分配极不均匀。干湿季节分明，湿季（雨季）为 5 ~ 10 月，集中了 85% 的降雨量；干季（旱季）为 11 月至次年 4 月，降水量只占全年的 15%。全省降水的地域分布差异大，最多的地方年降水量可达 2200 ~ 2700 毫米，最少的仅有 584 毫米，大部分地区年降水量在 1000 毫米以上。全省无霜期长，南部边境全年无霜，偏南地区无霜期为 300 ~ 330 天，中部地区约为 250 天，比较寒冷的滇西北和滇东北地区长达 210 ~ 220 天。

二、云南省的生态资源简述

云南省自然生态资源丰富，资源优势突出，素有“彩云之南，万绿之宗”以及“植物王国”“有色金属王国”和“云药之乡”的美誉。这里山河壮丽，自然风光优美，拥有北半球最南端终年积雪的高山，茂密苍茫的原始森林，险峻深邃的高山峡谷，发育典型的喀斯特岩溶地貌。特殊的地形地貌形成神奇美丽的自然景观，使云南成为自然风光的博物馆。这里还有众多的历史古迹、神秘的宗教文化、悠久的发展历史、浓郁的少数民族风情等，造就了绚丽多彩的民族文化，构成一幅幅美丽动人的画卷，更增添了云南的无限魅力，使之成为中国旅游景观资源最丰富、最集中的省份之一。其四季如春、舒适宜人的气候环境，成就了夏无酷暑、冬无严寒的休闲度假胜地。

云南寒、温、热三带兼有的立体气候孕育了丰富的植物资源，《云南植物志》共收载云南产高等植物 433 科、3019 属、16139 种。中国约有 31000 种高等植物（不包括苔藓植物），若算上苔藓植物，云南的高等植物种类占到我国高等植物的半数有余。许多独具观赏价值的植物，经过人们的培育驯化，广植于城乡绿带与民居宅院之中，成为人们喜闻乐见的植物品种。同时，以高黎贡山为代表的“世界物种基因库”、中科院昆明植物所、中科院西双版纳植物所等科研机构也为园林植物的驯化培育提供了世界级的资源储备。

三、云南省的多元人文环境概述

“民族特指具有共同语言、共同地域、共同经济生活以及表现于共同文化上的共同心理素质的人的共同体。”每个民族都有其独特的文化，当各民族聚居在一定的地域内，必然形成居住在该地域环境内各个民族文化的复合体。中国有 56 个民族，除汉族外在云南世代居住着 25 个少数民族，民族种类最多，成为了云南人类学研究中最为突出特点之一。云南不同历史时期遗存下来的民居、园林和宗教及其他类型的建筑，作为物质文化的外显形式之一，更是在民族学背景下展现出异彩纷呈的面貌（图 1–6、图 1–7）。

独特的地理位置，使云南本土文化成为多种文化类型的叠合交会点，处于多种文化叠合交会的边缘地带。云南文化可称为“边缘文化”，当面对博大的“中原文化”时，云南本土文化创造者们却充满了恪守一隅的自我认同感，它是自卑与自傲的矛盾统一体。此外，云南本土文化意识中崇尚传统与民族认同的意识浓厚，所以云南本土文化的特征往往不以壮丽雄奇见长，不以华丽繁缛为时尚，而是倾向于朴实、古拙和简明。仔细品味云南各民族的传统民居、园林建筑、装饰构件、民族服饰、生活器物，其质朴简洁、大巧若拙的总体特征自显一派。

从总体来看，云南文化本身的构成是多元的，从古滇文化、青铜文化的更替，两爨文化的兴衰，到南诏、大理文化的显赫，再到元、明、清以后汉文化不同程度的覆盖，其中虽有一定的历史延续性，但文化的异质性体现似乎显得更多一些。这与中原地区自先秦时期就逐渐形成一个较为明确和清晰的文化系统显然不同。并且，即使在同一历史时期，除了一种占主导地位的主流文化之外，云南不同的地域范围内可以同时并存着多种不同的文化类型。比如，在西双版纳地区，受中

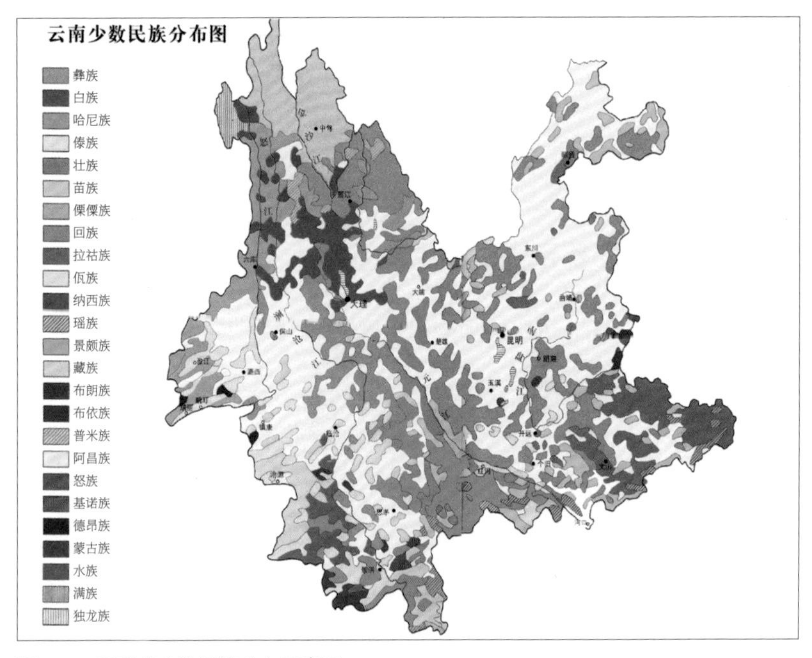

图 1–6　云南省少数民族分布示意图

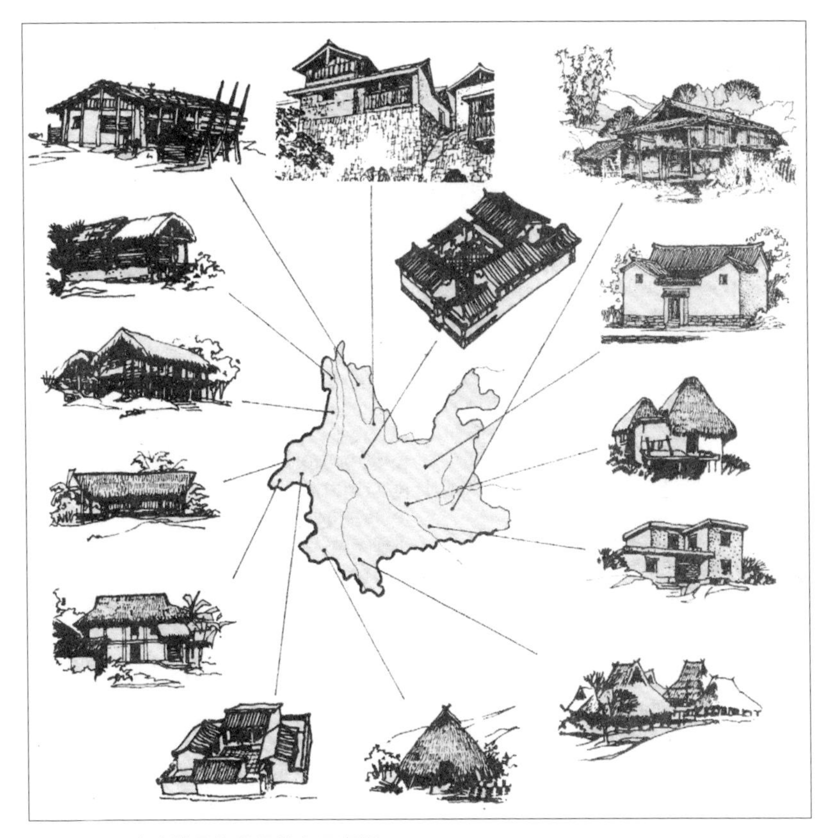

图 1–7　云南少数民族民居分布示意图

南半岛等地区的地缘影响，傣泰文化就一直是一种独立的文化类型，白濮系文化也自成一家。以历史演进的过程来看，每一种文化都并非纯粹的文化类型，而是杂糅着各自不同的文化因子于其中，相互影响、相互交融的现象比比皆是。

与自然环境的复杂、民族构成的众多、社会发展的不平衡和文化特质多元相伴随，云南地区文化生态的又一个特点，是各民族多种宗教信仰同时并存，原始的自然崇拜、图腾崇拜与地方民族宗教糅合。伴随着人口迁徙，伊斯兰教、佛教、道教、基督教和天主教等都在不同民族和地区交融并存；与之相应的宗教建筑形式同样也是丰富多彩的。宗教建筑正是寺观园林的重要组成要素，从选择场所举行祭祀仪式，到建筑的方位取向、规模形式、空间格局及室内装饰处理以及伴随建构过程中的各种宗教礼仪活动，甚至是室内各种器具陈设布置上所反映的种种崇拜、禁忌，都可以充分体现出各民族在进行这一系列宗教活动时的行为心理。云南寺观园林中的建筑形式、园林布局与中原地区相比较则多元且独特。

四、云南园林的总体特征

中国园林从奴隶制经济发达的殷商时代即开始出现，至今已有三千多年的历史。中华民族具有十分独特的审美趣味、审美观念和审美理想。

殷商时代的苑囿，秦汉时代的宫苑（如阿房宫、上林苑等），隋、唐、宋形成以湖山水等为特征的山水建筑宫苑（西苑）——唐代定期向市民开放三天，有了“公园”含义的西内太极宫、东内大明宫，以至到宋代出现了假山堆叠的“寿山艮岳”等，无不反映了中华民族崇尚自然，追求“天人合一”“人与自然和谐共生”的自然观及审美观。唐宋时期，山水诗、山水画的出现及盛行，对中国园林的创造影响很大，诗情画意写入园林，以景入画，以画设景，注重“意境”（包括植物运用及配置的人格化）的塑造，形成了独具一格的效法自然、高于自然、寓情于景、情景交融、富于诗情画意的写意山水园，成为了中国园林的特色，并影响到明清乃至现代。

中国传统园林的特点概括如下：

（1）除符合一般科学规律外，与诗词山水画有密切的联系，重视“意境”的创造，富有浓郁的文化气息。

（2）含蓄曲折的空间组景手法，小中见大、咫尺山林、园中有园、曲径通幽。

（3）建筑比例较大，且多占主景及控制地位（这与中国园林起源于宫苑、宅园有关）。

（4）因地制宜，充分利用场地的自然地形，灵活多变。

中国幅员辽阔，自然条件各异，民族众多，文化多元，园林形式也是多种多样的。就业内而言，普遍将我国园林分为以下四类：

（1）以北京、沈阳、西安等地为代表的“皇家园林”。

（2）以江南园林为代表的“文人园林”。

（3）以福建、广东、广西园林为代表的“岭南园林”。

（4）以西南地区园林为代表的“自然山水园林”。

在云南的土地上聚居了26个民族，云南是全国居住民族最多的省份，在历史发展的长河中，各民族在政治、经济、文化等各个方面相互影响、相互交融，又保持着各自独特的风俗习惯，形成了多姿多彩的民族文化特色。凡此种种反映在园林中，则表现出自己独有的特点。

第一，在建筑形式上，由于受中原地区移民文化（云南地区汉族的先民均多来自中原）与边地文化结合的影响，不论是民居还是一些公共建筑上，我们既能看到中原地区建筑的痕迹，又能看到其浓郁的地方特性。如昆明地区“三间四耳倒八尺”的“一颗印”民居，大理地区的“三坊一照壁，四合五天井”，滇南地区的“干栏式”建筑，以及寺观、佛寺山墙上的“山花”，五彩缤纷的“大五彩”彩绘，依山势而建多重的建筑群等，如图1−8和图1−9所示。园林建筑的形制介于宫廷皇家园林建筑与江南文人园林建筑之间，反映了云南地方文化与中原文化紧密联系，又不失地方民族的传统风格。

第二，在植物的运用方面，大量具有地域特色的植物广泛运用到庭院中。由于云南地形多变形成立体气候，带来了丰富的植物多样性。云南山茶、杜鹃、梅花、兰花、桂花以及木兰科植物，常见于昆明、大理、丽江及建水等地的庭院和寺观中，如图1−10和图1−11所示。

图1−8 昆明“一颗印”民居

图1−9 西双版纳傣族园竹楼

图 1–10　昆明金殿森林公园的山茶花

图 1–11　昆明黑龙潭公园的梅花

而芭蕉、竹、蒲葵、油棕甚至贝叶棕等棕榈科植物，各色的叶子花（三角梅）在滇南的村落及城镇处处可见，用不同的植物装点园林，透出强烈的地域特色。

值得一提的是云南山茶和梅花。云南山茶为小乔木，据考，其自隋唐南诏时期即已用在庭院之中，宋代以后栽培日盛，声名鹊起。每逢冬末春初，山茶盛开，“艳而不妖，富丽堂皇，傲霜斗雪”与梅花比肩是山茶花的优点。明代担当和尚的名句“冷艳争春喜烂然，山茶按谱甲于滇。树头万朵齐吞火，残雪烧红半个天”就是对云南山茶的写照。

作为我国的野生梅花分布中心之一的云南，遗存的古梅数量之多、树龄之长、品种之优、生长之旺，均在全国领先，这些古梅分布在寺观中、村落里，古老又充满活力，反映了先民们对野生梅花的驯化及栽培，从食用与祭祀到观赏的漫长历程。时至今日，大理白族地区民间仍保留殷商时期用酿制青梅来代替食醋的古风。

第三，作为僧侣礼佛参神场所的寺庙、道观，分布于城市或村镇的周围，比较接近人们的生活。它们既是信众们进行宗教活动的场所，又是人们郊游、踏青、登山、举行民族风俗活动的去处，例如农历正月初九耍金殿；农历三月三渡滇池、耍西山、唱调子。可见，寺观园林在云南的园林中占有较大比重。

第四，私人宅院（含衙门、宗祠庭院）的植物景观多以人们喜闻乐见的花木为主，或庭院之中，或墙垣边隅，并没有刻意追求诗情画

意，更多的是对大自然的亲近，反映出一种人与自然和谐共处的生活态度。

综上所述，云南地区的园林植根于原始自然生态和多民族人文地脉背景中，历经发展演变，形成多元和交融并存的特征。云南园林分布于高原坝子、湖泊之滨，山水俱佳；独特的自然资源有利于造园时顺势“巧依山水”，丰厚的人文资源滋养着云南园林，积淀了“多民族气质”；整体融合了各民族文化，形成了与自然紧密相连、恬淡适意的园林风格。从古至今，此风格得以传承、更新与弘扬，一直影响并反映在云南园林建设上，形成了别具一格并富有浓郁地方特色的园林。

第二节　云南园林的历史沿革

云南园林在云南这块红土高原上“生根发芽”，它有许多与这个母体特征紧密关联的鲜明个性，如同其他类型的乡土建筑或是土生土长的云南人一样，有让人眷恋的独特环境风貌和割舍不断的乡土情怀。显而易见，云南园林依托自然天成的山水环境，加以少量的人工点缀，最终形成自然质朴、视觉开朗与风光秀丽的景观环境。

云南的造园艺术历史悠久，是随着人类早期活动出现的。纵观云南园林的发展情况，可大致划分为几个时期：形成期、成熟期、发展期、滞缓期、繁荣期。

一、形成期

魏晋时期，佛教、道教在中原较为流行，兴建寺观园林的风气极盛。诸葛亮平定南中后，实行大规模的屯田，在带来了汉族先进的生产技术和文化的同时，也带来了中原的造园技术和造园思想。受此影响，云南出现了部分寺观园林和私家园林，为其后的南诏、大理文化奠定了基础。

二、成熟期

公元 746 年，南诏国崛起，征服了滇南地区，下令迁民 20 万户到洱海地区，促进了当地文化、经济的发展，使洱海地区成为南诏大理国数百年政治经济文化的中心。

南诏时期的建筑业相当发达，在早期的都城太和城内建有避暑宫，为云南历史上少量的皇家园林之一。为满足当时奢侈生活的需要，还修建了许多庄园。据载，大厘城（今大理北喜洲镇）“邑居人户尤众……南诏常于此城避暑”。这一时期，寺观园林也达到了第一次发展的高潮。大理崇圣寺（又名“三塔寺”）位于县城西北的莲花峰下，是迤西名胜之一，建筑规模宏伟，基方七里，房屋八百九十间，寺前有三塔，寺内供奉铜观音。原来的寺院早已无存，在三塔的原址上重新修建了如今的崇圣寺三塔公园。

同时，从南诏文化可以看出向汉文化看齐的趋势，贵族子弟纷纷前往四川成都读书，出现了一大批“仕族”阶层。由于文人参与造园活动，从而把园林艺术与诗、书、画相联系，有助于在园林中创造出诗情画意的境界。到了大理国时期，封建主大修园林、宫殿和庄园，大理王的私庄被称为“白王庄”“皇庄”，后来变成当地地名被保留下来。

三、发展期

1276 年，元朝建立云南行中书省，行政中心从大理路移至中庆路（今昆明），经过一段时间的励精图治，云南进入了又一个稳定繁荣的时期，社会经济文化有了较大的发展，特别是在滇池周边地区，封建地主经济发展很快，造园活动十分活跃。昆明圆通寺就是这一时期的佳作，把大雄宝殿前的廊院改为池塘，并在中轴线上用桥亭相连，水榭环绕，园林气息甚浓，在我国寺观园林中属大胆的创作。而位于昆明西山森林公园区的太华寺、华亭寺也是这一时期所建，充分体现了与山林环境紧密结合的特点。

四、滞缓期

元末明初，由于推行“土司制度”和“以夷制夷”的政策，中央王朝对云南贡品索取无度，土司无以从命，遂“搜刮土民，多以破家”，社会较为动荡，致使云南的造园活动处于滞缓状态。

清代推行“改土归流”，客观上促进了社会的发展，在吴三桂统治云南期间，修建了安阜园和莲花池别墅；同时，为了利用宗教维护其统治地位，于昆明东北郊修建了金殿道观。之后随着清代“仕族”阶层的进一步壮大，文风渐兴。文学、诗词、绘画艺术的发展及对自然美的认识不断深化，对云南的园林造园艺术产生了深刻的影响，如大观楼在清初就成为许多文人赋词论文的地方。

1840 年鸦片战争以后，云南的社会经济受到较大破坏，园林的发展停滞不前。民国时期，达官贵族的造园之风又兴起，尤以昆明滇池周边为盛，如大观楼一带风景优美、便于借景，又可引水注园，因此园墅密集，颇为繁盛。昆明在民国时期就先后有近日楼、金殿、龙泉、翠湖、大观、古幢、太华、虚凝庵等 9 个公园对外开放。不论是昆明的园林还是云南其他地区的园林，基本都是在历代名胜古迹和私家别墅庭院的基础上发展而来的。

五、繁荣期

1949 年后，各地兴起新建市政工程，云南园林又走过一段曲折的发展道路，以恢复整理旧有园林和改造开发私家园林为主，很少有新建园林呈现。20 世纪 50 年代中期，云南的园林建设事业得到了较大发展，以昆明圆通公园为主的一批城市园林相继出现。

改革开放后，在旅游产业的大力推动下，通过开放原来修复的园林以及战争过后保留下来的文人绅士的故居，云南园林又呈现出繁荣景象，云南的旅游业也因云南园林而蒸蒸日上。

1980 年以后，云南园林才又进入新的发展阶段。

1999 年世界园艺博览会在昆明举办，也让更多的人了解了云南，让更多的学者、专家注意到云南园林、研究云南园林，不仅推进了云南的经济发展，更将云南多民族文化的精华毫无保留地展示在世界面前。

2000年之后，云南各地的园林在园林环境上陆续做出很大改善，各种以花卉植物为主题的园林陆续出现，也让云南这个植物王国更加为人们所熟知。

纵观云南园林的发展历程，可以看出云南园林的兴衰发展并非与其他地区园林同步。主要因为云南山高地偏、交通不便，与其他地区交流困难，常常出现一个相对的“滞后期”，但是云南园林却一直没有脱离外来文化的影响而独立发展。同时，由于受战争波及较少，云南园林赢得了较长、较稳定的外部环境，给后人留下了许多宝贵的园林财富。

第三节　云南园林的地域特征

云南的山多水亦多，园林置于自然山水之中，再加上特有的多民族文化，使云南园林呈现出不同于北方园林、江南园林、岭南园林的风格，别具一格，自成一家。总结云南园林的地域特征，可归纳为以下几点：复杂的地理环境、浓郁的民族特色、浓厚的宗教气息、众多的古树名木、缤纷的花卉种类。[1]

一、复杂的地理环境

云南省地势复杂、群山连绵，山水交融中，蕴藏了丰富壮观的泉、林、石、溶洞、温泉、湖湾、瀑布等自然景观，这就使得云南园林是以自然山水园林为主，以气势恢弘、视野开朗、清幽古雅取胜，呈现出一派自然而神秘的景象。地势的复杂也带来气候的多样性，包括了寒带、温带、亚热带、热带，相应的植物也形成了多层次、多结构、

1　赵燕，李文祥．云南园林的形成及特点．云南农业大学学报，2001（9）：218-220.

多功能的自然群落与人工群落态势，共同组成了一幅自然的云南园林画卷。

云南省的山川与河流湖泊构成了山岭纵横、水系交织、湖泊棋布的特色，山系主要有乌蒙山、横断山、哀牢山、无量山等；河流有600多条，分别属于伊洛瓦底江、怒江、澜沧江、金沙江（长江）、元江（红河）和南盘江（珠江）六大水系，这些河流分别流入中国南海和印度洋，多数具有落差大、水流急的特点，水能资源极其丰富。其中伊洛瓦底江、怒江、澜沧江、元江为国际河流。云南有40多个高原湖泊，较著名的湖泊有滇池、洱海、抚仙湖、星云湖、阳宗海、程海、泸沽湖等，天然湖泊像颗颗明珠，点缀于群山之间，显得格外瑰丽晶莹，这些湖泊成为山水园林不可或缺的水体景观资源。

二、浓郁的民族特色

云南省分布着26个民族，各民族传统的风情为园林的发展增添了丰富多彩的民族元素。云南园林的民族特色既反映了云南历史上与中原文化的紧密联系，也突出了浓郁的地域差异，这种差异不仅体现在园林建筑上，使得园林建筑的材质、格局、装饰等随着地域的不同，衍生出不同的风格变化；而且也体现在园林空间上，使得园林建筑空间显示出了其与云南不同地域气候条件相适应的不同的风格特征，也让云南园林空间独具特色。

三、浓厚的宗教气息

“天下名山僧占多”，宗教在云南的发展历史源远流长。随着宗教的发展，大量游客焚香祈祷，由此大量营造寺观庙宇，如昆明黑龙潭公园、金殿公园等，绕潭渡桥，古木森森，泉壑幽邃，修竹茂林，潭深木碧，这些都是不同朝代遗留下来的精品，不少文人大夫赋予其丰富的内涵，亦使此类园林更具魅力。云南以其优美秀丽的自然环境，吸引着不同宗教派别的修行人来此建造庙宇寺观，在真山真水中构建园林环境，营造环境清幽的修行场所。比如昆明西山、通海秀山、武定狮子山和腾冲云峰山等寺观庙宇，选址于山顶悬崖之上或者幽静山谷之中，无形中增添了宗教的神圣感，结合静谧的山水环境给朝拜的信徒强烈的宗教氛围感受，突出了净化心灵的作用。

四、众多的古树名木

古树是园林艺术的瑰宝，是充满生命力的风景资源，体现了所在园林古老的历史、优美的生境；记载着自身所经历的斗转星移、自然变更与社会兴衰，不断地贮存和提供人类所需要的文化和生态基因。尤为可贵的是，古树的这种“特异功能”，在其生命的进程中，完整而生机勃勃地存在着、发展着，为后世的历史考据、文化遗产价值研究和物种研究作出显著的贡献。

由于云南特殊的地理条件，自古以来交通不便，少了许多中原战乱的影响，所以园林中古树名木大多得以较好保存，成为了云南园林的主要特色之一。这些饱经沧桑，曾记载了云南园林历史和文化特征的绿色寿星，不仅展示着云南悠久的地域文化，也流传着许多娓娓动听的传说和故事。它们犹如活化石一样，以朴拙自然的形态魅力为古迹名胜增辉，给人们以美的享受。

五、缤纷的花卉种类

云南省植物王国中的观赏性植物和缤纷的花卉占有重要的地位，这与当地生态系统的多样性、复杂性有密切的联系。众多丰富多彩的观赏植物及花卉资源无疑是大自然赐予的宝贵财富。

云南省具有多种多样的花卉种类，加之高原的立体气候尤其适宜各种花卉生长，经济的不断发展，促进了云南花卉业的蓬勃兴起，昆明也成为东南亚地区最大的鲜花市场。为了充分发挥、保护及利用这一资源特色，云南省在不同类型的公园中建立了茶花园、木兰园、杜鹃园、兰圃、报春园、竹园、水生植物园及裸子植物园等专类园，采

用不同形式、不同造园技艺，充分展示出植物资源的优势；在发展本地品种的基础上，积极引进省外甚至国外的优良花卉品种，使观赏、旅游、科普有机地融为一体，更好地展示出云南园林多姿多彩的风貌。

总体而言，云南园林的分布与云南山、水、城的格局是密切相关的，呈现出云南园林与各地州市县的城乡建设、弘扬民族文化影响之间互相促进的特点。云南省自然环境复杂多样，少数民族居多，民族文化源远流长，自然环境与人文历史交融，使得云南园林除了继承和发扬了中国传统园林艺术的特征之外，还具有鲜明的地方与民族特色。在造园活动中蕴涵着深刻的哲理，儒、释、道的思想或是民族宗教信仰都为园林的创作和营建注入了深厚的思想理念和文化意识。

第四节　云南园林的类型划分

中国古典园林是中国文人与能工巧匠共同创造的艺术珍品，沉淀着五千年华夏文明的底蕴，鲜活生动地展示着中国内在的文化品质与东方美学思想。它是世界园林艺术之瑰宝，是体现人类文明的世界遗产，更是需要继承与发展的瑰丽事业。

中国地域辽阔、历史悠久、民族众多，传承至今的园林风格迥异，异彩纷呈。汪菊渊院士所著《中国古代园林史》，以120万字记述了自有文字记载以来至清朝的中国园林的发展历史，详细介绍了殷周先秦时期囿苑宫室、秦汉时期建筑宫苑、魏晋南北朝时期园林、隋唐五代时期园林、宋辽金时期园林、元朝时期都城和宫苑、明清时期都城和宫苑、清朝的离宫别苑（上卷）；北京、华北、江苏明清园墅，浙、皖、闽、台、中南、岭南、西北明清园墅（下卷）。同时，还就如何正确对待园林文化艺术遗产、中国古代山水园和园林艺术传统及园林的民族形式等问题进行了解析。

南京林业大学陈植教授著《中国造园史》分别从苑囿、庭院、陵园、宗教园、天然公园、城市绿地、盆景园等方面讲述了不同园林类别的园林历史和造园工艺。清华大学周维权教授著《中国古典园林史》

中，首先是按照朝代发展顺序介绍中国古典园林，在各朝代中又分别按照不同地域划分，分为北方园林、江南园林和岭南园林（另外还有巴蜀园林、西域园林、少数民族园林等）；按照隶属关系划分，分为皇家园林、私家园林、寺观园林；按照造园园址划分，分为山地园林、山水园林；按照开发方式划分，分为自然园林、人工园林；另外，公共园林、衙署园林、书院园林也被单独列为一部分讲述。

云南园林整体呈现出尊重自然、亲近自然、融于自然的特点，在真山真水之间，勾勒出云南园林朴实自然的画卷。由于其地理环境、历史人文、气候特点等的特殊性，分类方式也具有独特的划分依据。云南园林的类型按照园林选址划分，可分为山地园林、水景园林和城市园林，这三种类型的园林较好地涵盖了云南省现存的古今园林，显示了云南省依托山、水、坝子的园林造园环境特色，体现了云南园林最显著的分类特征。

若按照服务对象来划分，云南园林可分为寺观园林、私人宅院以及公共园林。寺观园林多分布于全省各地州名山之中；私人宅院分布在市井闹市中，但经过岁月变迁，现存的已寥寥无几。若按照云南少数民族大杂居、小聚居的特点划分，还可细分出几个具有代表性的民族特色园林，例如傣族园、佤族园等。

综上解析，通过对园林现状的梳理，可以看到，目前按园林较为集中的区域可分为滇中园林、滇西园林和滇南园林。本书以突出园林选址特征，结合现状园林分布为依据，综合对云南园林进行分类。即分别从“山地园林”——滇中地区、滇西地区；“水景园林”——滇中地区、滇南地区、滇西地区；“城市园林”——滇中地区、滇南地区、滇西地区，总体以名山、秀水、高原平坝作为三大类型的园林依存环境进行归纳整理（表1–1）。

同时，由于云南园林所分布的地理环境复杂、民族人文环境多元；在确定园林类型的时候，除了采用按照大类原则——即园林选址和园林分布区域相结合的划分方式进行原则分类外，还以民族特色文化类（如版纳傣族园）、科学研究类（中科院西双版纳热带植物所）、或者特殊城市功能用途来补充完善云南园林的总体构成体系。

对云南园林进行分类是为了更好地梳理传统园林的造园脉络，讲述云南园林最突出的地域特征，以及某个园林本身对其他相关园林和现代园林的不同程度的影响，包括个别园林的特殊性和局限性，并不想局限于某一种分类方式。本书在对云南园林进行分类时，力求兼顾不同的造园选址、不同地域、再到不同的服务对象，总结归纳云南园林独有的气质。

中国古典园林存在三个主流派——北方皇家园林、江南私家园林、岭南园林；然而地处西南边陲的云南，依托得天独厚的自然山水、异彩纷呈的民族文化、珍稀多样的"植物王国"资源优势，逐渐发展形成了既接受三大主流园林风格影响，又独具特殊禀赋的云南园林。在"一带一路"倡议背景下，将云南园林作为面向东南亚的中国民族特色文化遗产进行研究，对于风景园林学界、云南与周边国家的文化交流和商旅经济发展具有重大的意义。

表 1–1　云南主要园林汇总表

园林类型	序号	主要园林	建设年代	园林特点	地理位置	典型详解	区域
山地园林（21 个）	1	西山森林公园	北宋 1063 年	由北向南逶迤升高，公园是以风景山林为主体的游览景区，有 10 处国家、省、市、区级文物保护单位，具有综合的观赏游览价值	昆明市西郊碧鸡山	◆	滇中地区（9 个）
	2	金殿森林公园	明代 1604 年	森林公园内物种资源十分丰富，森林覆盖率达 90%，古建筑与现代植物园相得益彰	昆明市东北郊鸣凤山	◆	
	3	筇竹寺	唐代	昆明佛教圣地，有著名的五百罗汉彩塑。1983 年，筇竹寺被国务院确定为汉族地区佛教全国重点寺院	昆明西北郊玉案山		
	4	圆通寺	元代 1301 年	云南著名禅宗古刹，多次修复，主体建筑保存完好。1998 年被列为省文物保护单位	昆明市中心圆通山		
	5	海源寺	元代	"海源"即大海之源，亦即滇池之源——出水处在通海寺右侧的玉案山脚。明末徐霞客考察海源寺说"海源寺侧穴涌出之水，遂为省西之第一流也"	昆明西郊三华山		

续表

园林类型	序号	主要园林	建设年代	园林特点	地理位置	典型详解	区域
山地园林（21个）	6	观音寺	元代	佛寺南面建有“小南海”和“普陀山”牌坊，佛寺山门前有一副石刻对联：“浩月光中，昆水静澄南海景；慈云影里，华峰叠拥普陀山。”“小南海”是寺中最古老的建筑	昆明滇池西岸观音山		滇中地区（9个）
	7	通海秀山公园	汉代公元前82年	清康熙时，云南按察使许弘勋在《通海邑去序》中称誉秀山为“秀甲南滇”。1987年即被列为云南省第三批省级重点文物保护单位，2003年公布其为国家级重点文物保护单位	玉溪市通海县城南隅	◆	
	8	武定狮子山公园	元代1311年	武定狮子山因其主峰形似伏卧的雄狮而得名。公园内建成牡丹文化、观赏和山水园，是西南地区最大的牡丹园。七百多年历史的正续禅寺位于山中，被誉为“西南第一山”	楚雄彝族自治州武定县城西	◆	
	9	紫溪山	1982年	紫溪山曾一度是滇中佛教圣地，山间古刹林立，历代都有一些名士高僧在此修行。一方摩崖石刻《护法明公德运碑》，成为大理国历史的重要文物	楚雄彝族自治州鹿城西部紫溪山		
	10	苍山森林公园	公元八世纪	公元八世纪，南诏王异牟寻曾仿照中原政权的做法，把南诏境内的名山大川敕封为五岳四渎，苍山被封为中岳。1981年，苍山洱海被列为省级自然保护区；1994年，苍山洱海被列为国家级自然保护区；2006年，大理苍山与南诏文化历史遗存被列入国家自然遗产、国家自然与文化遗产名录	大理白族自治州大理市西郊苍山	◆	滇西地区（7个）
	11	鸡足山公园	蜀汉时期221—263年	鸡足山素以雄、险、奇、秀、幽著称，以“天开佛国”，“灵山佛都”闻名，佛教文化气氛浓郁，历史悠久，保存着许多文物古迹，对佛教文化传承有着重要作用。1980年8月被列为省级自然保护区	大理白族自治州宾川县牛井镇鸡足山	◆	

续表

园林类型	序号	主要园林	建设年代	园林特点	地理位置	典型详解	区域
山地园林（21个）	12	巍宝山公园	唐代630年	巍宝山是疗养和旅游兼适的风景区，自然风光秀丽、峰峦叠嶂、古木参天，是一个自然资源宝库，道教名山。巍宝山被列为州县两级自然保护区，巍宝山古建筑于1987年12月被定为省级文物保护单位	大理白族自治州巍山彝族回族自治县巍宝山	◆	滇西地区（7个）
	13	云峰寺	明代	山顶建有玉皇阁、三清阁、吕祖殿；山腰建有关帝庙；山脚建有万福寺、接引寺等，均为明代万历、崇祯年间所建，是山地竖向空间组合与利用的范例	腾冲县城西北云峰山	◆	
	14	武侯祠	明代	建于明朝嘉靖年间，由前殿、中殿、正殿组成三进两院，坐西向东，布局在一条中轴线上	保山市西郊太保山	◆	
	15	金鸡寺	清代	有观音阁、弥勒殿、玉皇阁、三官祠、龙神祠等庙宇群，统称金鸡寺，因择地险峻、环境优美而闻名	怒江傈僳族自治州兰坪白族普米族自治县金顶镇灰龙山		
	16	普化寺	清代	四周山水神奇清幽，雅静怡然，云海雾裹，时隐时现。是唯一一座藏传佛教噶举派的寺院	怒江傈僳族自治州贡山独龙族怒族自治县丙中洛乡坎桶村		
	17	秀山寺	唐代	寺中泥塑佛像很有特点，迄今幸存20多尊。木刻楹联很多，为清末民初云南书法家赵藩、陈荣昌、袁嘉谷等人的手笔。现已被公布为州级重点文物保护单位	红河哈尼族彝族自治州石屏县西南秀山东坡上		滇南地区（2个）
	18	西华公园	清代	园中楼台亭廊依崖而建，拾级通幽，造境幽微，林木葳蕤，四时花枝俏丽	文山壮族苗族自治州文山市		

续表

园林类型	序号	主要园林	建设年代	园林特点	地理位置	典型详解	区域
山地园林（21个）	19	寥廓山森林公园	1973年	海拔2130米，与翠峰、真峰合称“三峰耸翠”，为古南宁八景之一。因其主峰高于周围其他山峰，史谓“群山之长”，左有翠峰、太和，右有真峰、观音等诸山守护，其下有潇湘江环流，世称“诸仙朝大佛，金山系玉带”	曲靖市西南寥廓山（原名“妙高山”）		滇东地区（2个）
	20	玉林山	1992年	清时因有龙华古刹、月亮井等胜迹，为沾益八景之一，名“龙华晓钟”。建园前，这里是市林业部门的苗圃	曲靖市沾益县		
	21	昭通元宝山公园	2002年	占地8670平方米，元宝山公园位于昭通城东南元宝山脚下，为著名的“昭阳八景”之一	昭通城东南元宝山脚下		滇东北地区（1个）
水景园林（16个）	1	大观公园	明代1368年	公园秀美壮丽，碧水涟漪，长堤垂柳，楼外有楼，景中有景，融自然湖光山色之娇，汇中国古典园林之美。大观楼1983年被公布为省级文物保护单位，2013被公布为国家级文物保护单位。大观楼长联为重要的文化景观	昆明市城西滇池湖畔	◆	滇中地区（5个）
	2	黑龙潭公园	唐宋时期	清代嘉庆年间硕庆题联：“两树梅花一潭水，四时烟雨半山云。”点出了黑龙潭风景名胜区的主要景观特色。1961年被昆明市人民委员会公布为市级重点文物保护单位；1993年11月被云南省人民政府公布为省级重点文物保护单位	昆明市盘龙区北郊	◆	
	3	海埂公园	1962年	海埂是一条天然的分界线，将300多平方千米的滇池分为两块水域，南为滇池，北为草海。1962年开始建海埂公园，由昆明园林局管理	昆明市南郊滇池湖畔	◆	

续表

园林类型	序号	主要园林	建设年代	园林特点	地理位置	典型详解	区域
水景园林（16个）	4	九龙池公园	明代	九龙池公园以清澈、旺盛的源泉，雄峻的山崖，依山而建的古建筑群，高大挺直的古松和茂密的树林而著名	玉溪市州城西北奇黎山下的九龙池		滇中地区（5个）
	5	龙江公园	1981年	园内有东、西、南、北、中五个小湖，环抱着公园的主要景点，有月圆拱桥等13座仿古桥梁，构成了龙江公园“桃红柳绿垂湖面，铺青叠翠藏楼阁”的景象	楚雄彝族自治州鹿城西北		
	6	三塔倒影公园	20世纪80年代	公园坐北朝南，占地逾27亩，中心部分是一片十余亩的水潭，呈椭圆形，潭水洁净清幽。倒影公园最有特色的是潭水能映出崇圣寺三塔的倒影，其倒影之清晰，常令游人叹为观止	大理白族自治州大理市崇圣寺三塔南	◆	滇西地区（5个）
	7	黑龙潭公园	清代1737年	丽江黑龙潭始建于清乾隆二年（1737年），并经清乾隆六十年（1795年）、清光绪十八年（1892年）两次重修。乾隆赐题为“玉泉龙神”，旧名玉泉龙王庙，因获清嘉庆、清光绪两朝皇帝敕封为“龙神”而得名，后改称黑龙潭	丽江古城北象山脚下	◆	
	8	白马龙潭寺	清代1754年	始建于清乾隆十九年（1754年），背靠狮子山，与山上之万古楼遥相呼应。于咸丰年间毁于兵战，光绪八年（1882年）重建，现存山门、大殿、左厢房等建筑，规模布局依旧	丽江古城狮子山脚	◆	
	9	叠水河瀑布	明代	发源于腾冲县东北部的大盈江，属于伊洛瓦底江水系，沿途众流汇合，水量渐丰。从30多米的高岩上跌落，响声雷动，水花四溅，形成了“不用弓弹花自散”的壮丽景观	保山市腾冲县城西	◆	

续表

园林类型	序号	主要园林	建设年代	园林特点	地理位置	典型详解	区域
水景园林（16个）	10	普达措国家公园	2006年	位于滇西北“三江并流”世界自然遗产中心地带，由国际重要湿地碧塔海自然保护区和“三江并流”世界自然遗产哈巴片区之属都湖景区两部分构成，是香格里拉市的主要景点之一	迪庆藏族自治州香格里拉市		滇西地区（5个）
	11	蒙自南湖公园	明代	于明代初年开掘成湖，至今经历了600多年的变更发展。以自然风光秀丽、园林建筑别致为特点。一条中堤把湖面分为东西两片，是省级文物重点保护单位	红河哈尼族彝族自治州蒙自县文澜镇南部	◆	滇南地区（5个）
	12	异龙湖万亩荷花园	2002年	异龙湖烟波浩渺，水面面积32平方千米，平均水深4米，湖周天然形成“三岛九曲七十二弯”，碧波荡漾，绿树成荫	红河哈尼族彝族自治州石屏县城东	◆	
	13	金湖公园	1987年	1954年一场罕见的洪水过后，个旧人民筑堤围湖，变祸为福，个旧金湖从此诞生。20世纪80年代后形成的公园成为个旧人文景观、都市文化、现代文化和锡文化的中心	红河哈尼族彝族自治州个旧市		
	14	莲湖公园	清代1819年	人工挖掘而成，占地约8亩，湖深约3米，湖面约1万平方米，呈椭圆形，原是“引流蓄水，以资灌溉”的水利设施。清嘉庆年间称“承恩塘”，亦称“古浮”。后因湖内遍种芙蕖，春季一片碧绿，夏季于绿伞盖下，故而又因莲城之名，改称“莲湖”	文山壮族苗族自治州广南县		
	15	普者黑风景区	1993年	“普者黑”是彝语，意为鱼虾多的地方。距县城13千米。国家AAAA级旅游区，被住房城乡建设部专家誉为“世间罕见、国内独一无二的山水田园风光”	文山壮族苗族自治州丘北县城西北		

续表

园林类型	序号	主要园林	建设年代	园林特点	地理位置	典型详解	区域
水景园林（16个）	16	麒麟公园	1983年	旧址为明代靖阳书院，周围有水塘十余亩，俗称“书院塘”；至清代，此地又有“北沼荷风”之景观，夏日荷花亭亭净植，香远益清。是一座亭园式水上公园，由于全园以水为中心，故在布局上因水成景，临水构园	曲靖市麒麟南路中段西侧		滇东地区（1个）
城市园林（27个）	1	云南民族村	1991年	以弘扬民族文化、促进民族团结为建村宗旨，建成世居云南的25个少数民族的村寨，已建成傣族、白族、彝族、纳西族、佤族、藏族等12个少数民族村寨。这些村寨各具特色，充分反映了云南少数民族风格各异的民居文化	昆明市南郊滇池畔	◆	滇中地区（9个）
	2	昙华寺	明代1628年	优昙被誉为“佛花”，以其树创寺，寺名“昙华”。园内“朱德赠映空和尚诗文碑”为省级重点文物保护单位	昆明东郊金马山	◆	
	3	翠湖公园	1912年	位于昆明市区的螺峰山下，云南大学正门对面。最初曾是滇池中的一个湖湾，后因水位下降而成为一汪清湖。自明朝起的历任云南行政官员都曾在这里修亭建楼。由于垂柳和碧水构成其主要特色的缘故，20世纪初被正式定名为“翠湖”。以“翠堤春晓”而闻名四方。人们称之为“镶嵌在昆明城里的一颗绿宝石”	昆明市区螺峰山下	◆	
	4	莲花池公园	唐代	莲花池源于唐朝，据明代《云南府志》载，商山之麓“下有冷泉，名莲花池”；是“滇阳六景”之一，有“龙池跃金”的美誉。2008年，公园恢复重建，湖面扩为40亩[1]，恢复了“龙池八景”的主要景点	昆明市圆通山西北面，商山下	◆	

1　1亩≈667平方米.

续表

园林类型	序号	主要园林	建设年代	园林特点	地理位置	典型详解	区域
城市园林（27个）	5	世界园艺博览园	1999年	昆明世博园会场结合地势特点，依山就坡，采取组团式的结构布局，通过轴线组织、空间创造，使各功能区相对集中，集全国各省、自治区、直辖市地方特色和94个国家不同风格的园林园艺品，庭院建筑和科技成就于一园，体现了“人与自然，和谐发展”的时代主题	昆明市东北郊	◆	滇中地区（9个）
	6	昆明植物园	1938年	隶属于中国科学院昆明植物研究所，地处云南省会昆明北市区黑龙潭畔。是集科学研究、物种保存、科普与公众认知为一体的综合性植物园	昆明市北郊	◆	
	7	地藏寺经幢	937—1253年	地藏寺经幢在拓东路昆明市博物馆（原古幢公园）内。原名“尊胜宝幢”，又名“石雕梵”，俗名“古幢”。古幢记述了大理割据政权的情况，反映了鄯阐与宋朝的关系，具有较高的历史价值，亦为云南宋时石雕艺术的珍品。1982年2月24日被列为全国重点文物保护单位	昆明市城区东部拓东路南侧		
	8	宝海公园	1999年	昆明宝海公园位于昆明东城片区，与国贸中心毗邻，北临南过境路，东与东南接万兴、银海住宅花园，西面至宝海路，为昆明市规模较大的现代城市公园。公园绿地率为61.3%，种植成片的冬樱花和大面积四季常绿的草坪，大量运用香樟、杜鹃等乡土植物造景，形成“花枝不断四时春”的绿色景象	昆明市东城片区	◆	

续表

园林类型	序号	主要园林	建设年代	园林特点	地理位置	典型详解	区域
城市园林（27个）	9	楠园	1991年	“室雅无须大，花香不在多”，楠园不大，是陈从周教授“小而精”的杰作。园内厅、亭、阁、廊等建筑均使用名贵的“楠木”建造，故名“楠园”。“自然”是楠园的一大特色，达到了“虽为人作，宛自天成”的境界，堪称建筑、山水、花木浑然天成的综合艺术品	安宁市	◆	滇中地区（9个）
	10	易乐池	唐代	易乐池作为保山著名的景点，也有其特殊的人闻传说。易乐池主要景观为一池、一亭、一塔。池边风景如画，令人陶醉	保山市	◆	滇西地区（2个）
	11	树包塔	清代1778年	塔高十余米，树高数十米，塔顶着树，树包着塔，顶上枝叶葱茏，脚下佛塔生辉，堪称塔中绝景	德宏傣族景颇族自治州芒市		
	12	朱家花园	清代	主体建筑呈“三横四纵”布局，为建水县典型的“三间六耳三间厅，一大天井附四小天井”的传统住宅形式并列联排组合而成的建筑群体。房舍格局井然有序，院落层出叠进，空间景观层次丰富	红河哈尼族彝族自治州建水县	◆	滇南地区（13个）
	13	张家花园	清代	建筑平面布局基本为云南传统民居中“三坊一照壁”和“四合五天井”的形式，纵向横向并列联排组合成两组三进院和一组花园祠堂	红河哈尼族彝族自治州建水县城西团山村	◆	
	14	建水纳楼司署	936年	古代赫赫有名的西南三大彝族土司之一的纳楼茶甸副长官司所在地，是云南保存较好的土司治所。1993年被列为云南省级重点文物保护单位；1996年11月被国务院列为全国重点文物保护单位	红河哈尼族彝族自治州建水县城南回新村	◆	

续表

园林类型	序号	主要园林	建设年代	园林特点	地理位置	典型详解	区域
城市园林（27个）	15	宝华公园	1954年	宝华公园是集动物展、儿童娱乐、革命传统教育、休闲、健身、古建筑群观光等为一体的综合性城市森林公园	红河哈尼族彝族自治州个旧市老阴山下		滇南地区（13个）
	16	泸江公园	1986年	公园内主要建筑物（群）既继承了我国古代园林建筑的典雅秀丽，又吸收了中外现代建筑的明快流畅，故显得新颖别致、韵味盎然	红河哈尼族彝族自治州开远市城东泸江畔		
	17	勐巴拉娜西园	19世纪60年代	国家AAAA级景区，是全国罕见的生态园林。园中汇集了全国少见的大量古树名木和世界罕见的硅化木玉石。稀、奇、古、怪，堪称精品荟萃的旅游亮点、亚热带植物基因宝库	德宏傣族景颇族自治州芒市		
	18	南甸宣抚司署	清代1851年	是目前云南保存最完好的土司衙门。1996年11月27日被公布为全国重点文物保护单位，目前是德宏傣族景颇族自治州唯一独有的国家级文物保护单位	德宏傣族景颇族自治州梁河县遮岛镇	◆	
	19	西双版纳傣族园	1999年	园内景色秀美、民风淳朴，共有五个傣族自然村寨——曼将（篾套寨）、曼春满（花园寨）、曼听（宫廷花园寨）、曼乍（厨师寨）和曼嘎（赶集寨）	西双版纳傣族自治州橄榄坝	◆	
	20	曼听公园	1982年	集中体现了“傣王室文化、佛教文化、傣民俗文化”三大主题特色，并融合休息游览、文化娱乐等功能，是一个综合性的旅游景区东南方	西双版纳傣族自治州景洪市东南方	◆	
	21	孟连宣抚司署	1289年	宣抚司署历经元、明、清、民国500余年。孟连娜允傣族古城于2001年被云南省政府批为省级历史文化名城，并被专家认定为中国仅存的傣族古城；2006年5月25日，孟连宣抚司署作为清代古建筑，被国务院批准列入第六批全国重点文物保护单位名单	西双版纳傣族自治州孟连傣族拉祜族佤族自治县娜允镇	◆	

续表

园林类型	序号	主要园林	建设年代	园林特点	地理位置	典型详解	区域
城市园林（27个）	22	中国科学院西双版纳热带植物园	1958年	中国科学院西双版纳热带植物园隶属于中国科学院，是集科学研究、物种保存和科普教育为一体的综合性研究机构和风景名胜区，在2011年7月被评为国家5A级旅游景区	西双版纳傣族自治州勐腊县勐仑镇	◆	滇南地区（13个）
	23	绿石林森林公园		一座融林景、石景和民族风情于一体的森林公园。其景以绿色称著，以峰丛石林显奇。热带雨林与石林相互辉映，展示出一派地造天成的林中景致	西双版纳傣族自治州勐腊县勐仑镇		
	24	独树成林公园	2012年	一棵古榕树，1200多年的树龄，共有31个根立于地面，树高50多米，树幅面积120平方米，枝叶既像一道篱笆，又像一道绿色的屏障，打破了“单丝不成线，独树不成林”的俗语	西双版纳傣族自治州勐海县	◆	
	25	望海楼公园	清代1760年	望海楼不但是昭通的风物胜景，也是中共昭通地下党早期革命活动的纪念地	昭通市凤凰山脚下	◆	滇东北地区（3个）
	26	龙氏家祠	1930年	仿照吴三桂昆明的金殿而建，但其规模比金殿大得多。龙云修造龙氏家祠的目的是想通过对义和孝的诠释，唤起家族的荣誉感、归属感和自豪感，使家祠成为家族的精神家园	昭通市城南簸箕湾村	◆	
	27	豆沙关	隋朝	连接云南与其他地区的最古老的官道，为连接川滇汉人与古僰人修建的。从蜀南下经僰道（今四川宜宾）、朱提（今云南昭通）到滇池，由于道路宽仅五尺，故史称“五尺道”	昭通市盐津县		

注：根据《昆明园林志》、各地州地方志、年鉴等资料整理而成。

◆ 表示本书详细介绍的园林。

第二章 云南山地园林

❶ 昆明西山森林公园

❷ 昆明金殿森林公园

❸ 武定狮子山公园

❹ 通海秀山公园

❺ 大理苍山森林公园

❻ 宾川鸡足山公园

❼ 巍山巍宝山公园

❽ 腾冲云峰山云峰寺

❾ 保山太保山武侯祠

图 2–1　云南典型山地园林分布示意图

云南地处我国西南地区，依托在横断山脉的余脉上，地貌以云南元江谷地和云岭山脉南段的宽谷为界，全省大致可以分为东、西两大地形区。全省地势西北高、东南低，自北向南呈阶梯状逐级下降，从北到南的每千米（水平直线距离）海拔平均降低 6 米。北部是青藏高原南延部分，海拔一般在 3000 ~ 4000 米，有高黎贡山、怒山、云岭等巨大山系及怒江、澜沧江、金沙江等大河自北向南相间排列，三江并流，高山峡谷相间，地势险峻；南部为横断山脉，山地海拔不到 3000 米，主要有哀牢山、无量山、邦马山等，地势向南和西南缓降，河谷逐渐宽广；在南部、西南部边境，地势渐趋和缓，山势较矮，宽谷盆地较多，海拔在 800 ~ 1000 米，个别地区下降至 500 米以下，主要是热带、亚热带地区。不同的山地环境孕育了各具特色的云南山地园林。

“天下名山寺观多。”在云南这块土地上也不例外，各大名山均有各宗家名士来此修身（图 2–1）。滇中具有代表性的山地园林有昆明的西山，西山上有华亭寺、太华寺、龙门、三清阁等园林，是集道家、佛家和儒家的信仰修身之所；昆明北郊的黑龙潭龙泉观、昆明东郊鸣凤山上有金殿森林公园，武定狮山有正续寺，安宁有曹溪寺……这些园林也多是佛家和道家的修炼场。滇西的名山山地园林有大理的苍山（佛教）森林公园、宾川的鸡足山（佛教）、巍山的巍宝山（道教）、保山的太保山（武庙）、腾冲的云峰山（道教）。滇南有通海的秀山、石屏的秀山等。山林各具特色，原有的寺观庙宇在历史的浪潮中历经浮沉，几经修葺，如今方能完好地展示给世人。现如今，云南的旅游业兴旺发展，云南的名山均以原有的寺观庙宇为基础，发展成各具规模的森林公园式的风景旅游区。这些山地园林不仅是云南山水环境中的重要一瞥，也是现代人生活中不可缺少的地脉文脉资源。

云南的山脉地形，从滇西到滇东，从滇西北到滇东南，从滇东北到滇西南，逐渐由高到低，由绵延高山到山谷坝子，云南山地园林占据了大部分云南的名山大川。元朝以前，云南的行政中心在大理地区，典型的山地园林主要分布在鸡足山、巍宝山、点苍山等山脉上，形成了历史悠久、契合地形的山地建筑群。随着元朝时期云南行政中心从大理逐渐转移到昆明，山地园林建造依托着当时的政治、经济等社会因素而变化，而各地州也呈现出不同时期不同风格的山地园林，逐渐形成了云南山地园林多元纷呈的现状。

第一节　滇中山地园林

云南山地园林以滇中山地园林为中心，向外辐射。滇中山地园林以昆明山地园林为主，昆明坝子由西郊西山、北郊昆仑山余脉、东郊鸣凤山等围合而成，独特的山水环境让昆明坝子山清水秀、人杰地灵。

滇中山地园林以昆明为主要集中地，昆明滇池西侧西山森林公园分布着众多的寺观庙宇。昆明有句俗语："三月三，耍西山。"反映了古往今来西山对昆明坝子里人们生息的重要性；昆明东郊鸣凤山上的金殿森林公园、昆明昙华寺均为昆明重要的山地园林；另外，玉溪市的通海秀山公园在滇中山地园林中也别具一格。

元代以后，昆明成为云南的中心城市，随着经济、交通、人口等的不断发展，滇中园林造园水平达到一定高度。滇中的山地园林与城市关系密切，因滇中地形地貌独特，城市依山而建，而山地上分布着大量以寺观庙宇为核心的园林，这些园林也依托城市发展壮大，在古代香火鼎盛，如今则成为市民日常休闲旅游、游憩赏景的场所。

一、昆明西山森林公园

昆明西山森林公园（图 2–2）位于昆明西郊的滇池湖畔，距市区 15 千米，北起碧鸡关，南达灰湾，由碧鸡山、华亭山、太华山、太平山、罗汉山等山峰组成，由北向南逶迤升高，最高峰海拔 2507.5 米，有占地 887.2 公顷[1]的风景森林。[2]远眺西山群峰，既像一尊庞大的睡佛，又似一个仰卧的少女，故有"卧佛山"和"西山睡美人"之称。明嘉靖年间，杨慎在《云南山川志》中赞道："苍崖万丈，绿水千寻，

1　1 公顷 =1 万平方米 .

2　昆明市园林绿化局 . 昆明园林志 . 昆明：云南人民出版社 .2002（78）.

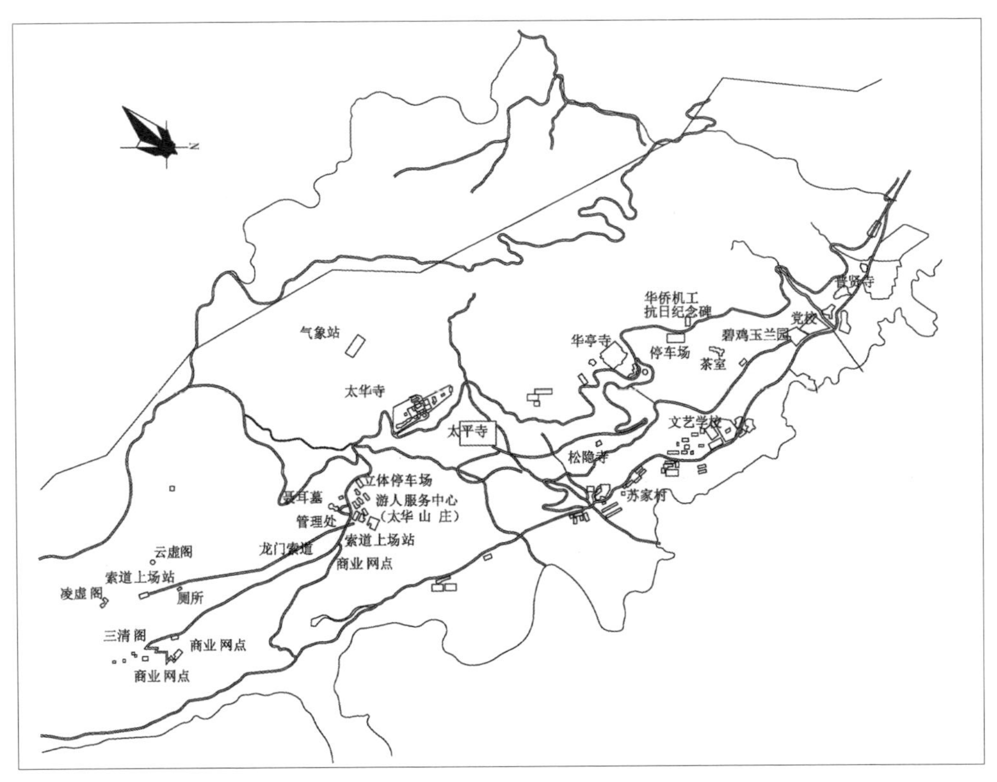

图 2–2 西山森林公园平面图

月印澄波，云横绝顶，滇中一佳境也。”在明代，昆明西山与通海秀山、巍山巍宝山、宾川鸡足山合称“云南四大风景名山”。

西山森林公园（图 2–3）是以风景山林为主体的游览景区，拥有繁茂的次生林 12000 多亩，占总面积的 90%。随高度变化，森林垂直带谱十分明显。山体下部有以栎类为主的亚热带常绿阔叶林，山体上部是以云南松、华山松为主的针叶林，在海拔 2150 米以上的石灰岩地带，分布有冲天柏林和多种落叶阔叶林。西山植物有 167 科、594 属、1086 种灌乔木和其他植物，药用植物多达 90 余种。还生长着一些珍稀树种，如台桧、鹅耳枥、化香树、八角枫、滇紫荆、云南樟、长柄桢楠等。[1]

昆明西山森林公园主要有 10 处国家、省、市、区级文物保护单位。有人民音乐家聂耳的墓园，是全国重点文物保护单位；罗汉山龙门石

1 昆明市园林绿化局 . 昆明园林志 . 昆明：云南人民出版社 .2002（78）.

图 2–3　西山森林公园景点示意图

窟，“一得测候所”，是云南省重点文物保护单位；华亭寺、太华寺、三清阁等佛寺道观建筑群，以及杨杰墓、张天虚墓园等，均属市级重点文物保护单位；还有柏西文墓、陈一得墓等一批县区级重点文物保护单位。西山各级文物保护单位荟萃，极具观赏游览价值。

华亭寺　位于华亭山腰，后倚危峰，前临草海，左枕太华，右连碧峣，寺周围茂林修竹簇拥。华亭寺（图 2–4）最早可追溯到大理国时代，相传鄯阐侯高智升曾于 1063 年在这里修建别墅。1921 年，湖南僧人虚云来寺主持，募化资金改建殿宇，开凿莲花池，修建藏经楼、大悲阁、海会塔，更名为“靖国云栖禅寺”，但人们仍习惯称其为“华亭寺”。[1]

华亭寺坐西向东，山门外南北两侧，原建有三重檐钟鼓楼，20 世纪 50 年代初，鼓楼倾圮，仅遗存钟楼。1978 年对钟楼进行翻修时，将钟楼底层作为华亭寺的东面入口。

华亭寺的山门（图 2–5）自清朝后均曾重修，其特点是修建成独门形式。如图 2–6 所示为华亭寺藏经楼。

太华寺　建于 1306 年，又名“佛严寺”。整个寺院布局坐西朝东，面向滇池，图 2–7 至图 2–9 所示。太华寺坐落在“居中最高，

1　昆明市人民政府 . 昆明年鉴 . 北京：新华出版社，1990（326）.

图 2-4　华亭寺总平面图

图 2-5　华亭寺独门式山门

图 2-7　太华寺公园鸟瞰图

图 2-6　华亭寺藏经楼

图 2-8　太华寺公园平面示意图

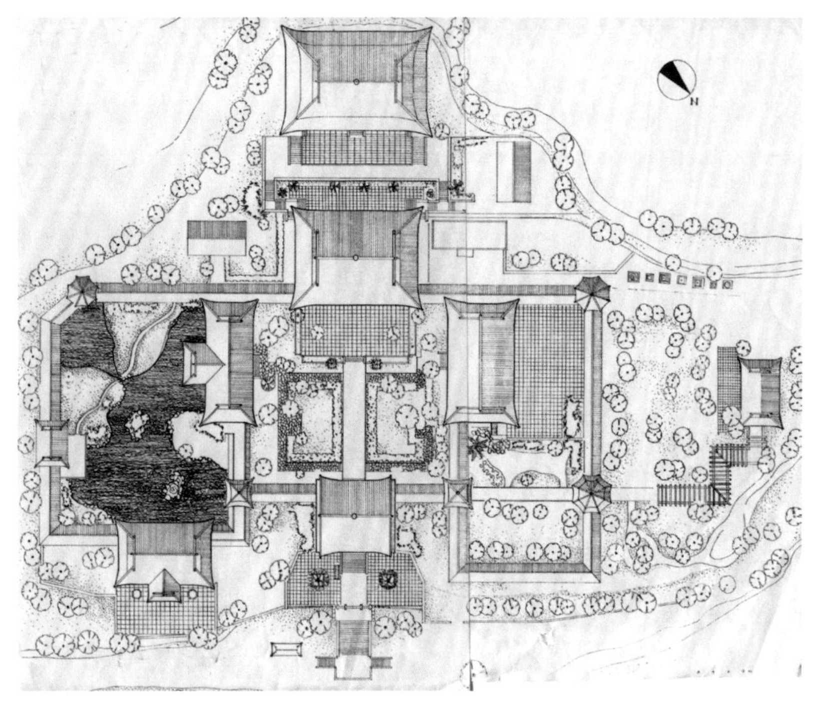

图 2–9　太华寺公园总平面

得一山之胜”的太华山中，为元代云南佛教禅宗第一大师玄鉴和尚所建，明朝又修建了“一碧万顷阁”“思召堂”。清康熙二十六年（1687年）又进行重修，仍保持元代风格，并兴建鬟镜轩、缥缈楼、大悲阁（图 2–10）、碧莲室、海月堂。太华寺的石牌坊、殿宇楼阁、雕塑、碑刻等古文物，被列为昆明市重点文物保护单位。

图 2–10　太华寺大悲阁

太华寺大雄宝殿为单檐歇山式屋顶，尚存元代建筑遗风。在大雄宝殿中，置有紫檀木雕刻重檐斗拱的“大雄宝殿”，高

2.5 米，内置木雕三世佛，精雕细刻，是件难得的艺术珍品。在太华寺中，最有特点的建筑当数一碧万顷阁（图 2–11）。其建筑平面为 T 形，两层木结构回廊建筑，歇山式屋顶。阁前有宽敞的观景平台，可供凭栏观赏草海风光。在这里朝观日出、暮赏晚霞，入夜还可眺望昆明城的万家灯火。徐霞客在其《游太华山记》中称："寺亦向东，殿前夹墀皆山茶，南一株尤巨异。前廊穿庑入阁，东向瞰海。然此处所望犹止及草海，若漾漾浩荡观，当在罗汉寺南也。"可见，一碧万顷阁在明代就是眺览草海胜境之阁。

(1)

(2)

图 2–11 太华寺一碧万顷阁

另外，太华寺的山门处理更为独特，仅以一座三叠式的石牌坊代替殿宇式山门。在太华寺的整体布局上，讲经说法的法堂也已被省去，这在中原汉传佛寺的布局中是极为少见的。

太华寺中广植玉兰、茶花、桂花，早春二月，白玉兰、紫玉兰、朱砂玉兰及茶花迎霜挂满枝头；金秋时节，则桂香满园。"太华玉兰"是昆明园林一景。[1]

三清阁 位于太华山南面罗汉山，罗汉山北连太华峰，南接挂榜山千仞峭壁，峭壁下是浩瀚滇池（图 2–12 和图 2–13）。元代，云南梁王在罗汉崖与挂榜山峭壁交界处，筑避暑台，称"凌虚阁"，为罗汉山南庵景区，元末避暑台毁于兵燹。明宣德年间，沐氏捐资，无边禅师重修。明正德年间，了纯和尚在罗汉山北面结庵驻锡，称"海崖寺"。之后，摆渡村李应捐资扩建海崖寺，建弥勒殿，因山形如罗汉，又称为"罗汉寺"。明嘉靖年间，罗汉寺倾圮，道士赵炼在罗汉山辟

1 昆明市园林绿化局 . 昆明园林志 . 昆明：云南人民出版社 .2002（81）.

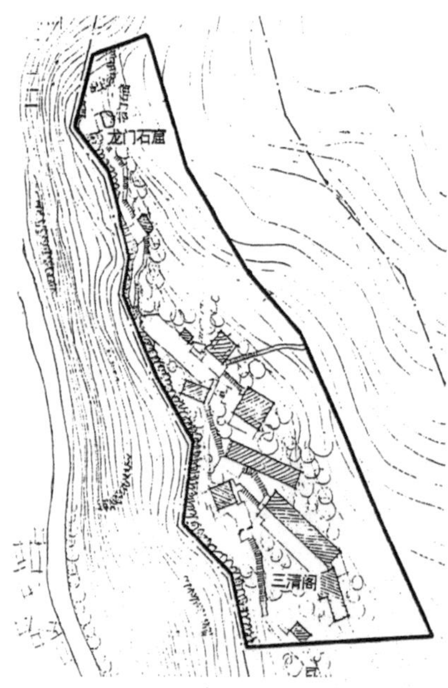

图 2–12　三清阁平面图

图 2–13　三清阁建筑群

道观。明末，徐霞客《游太华山记》记载其当时盛况：北庵有灵官殿、纯阳楼、玄帝殿、玉皇阁、抱一宫，“皆东向临海，嵌悬崖间”；南庵“其上崖更崇列，中止滐坪一缕若腰带，下悉陨坂崩崖，直插海底，坪间梵宇仙宫，雷神殿、三佛殿、寿佛殿、关帝殿、张仙祠、真武宫。次第连缀。真武宫之上，崖愈杰竦，昔梁王避暑于此，又名避暑台，为南庵尽处。”

以三清阁为中心，悬崖峭壁上，松柏漾翠，层楼叠宇，罗汉山北庵十一阁分九层贴缀在绝壁之上，危奇险峭，体现我国古典的道观建筑风格，是昆明市重点文物保护单位。

龙门（图 2–14 和图 2–15）　位于三清阁南面，包括北由三清阁“别有洞天”石洞门起，南至达天阁上整个在千仞峭壁上的石窟石道工程。龙门是吴来清道士单人开凿的石廊通道，他自清乾隆四十六年（1781 年）开始，历 14 年之艰辛，才给后人留下这份杰作。他逝世后，杨汝南又继续主持开凿龙门一带石窟，历时 9 载，打通“慈云洞”到龙门牌坊间的石崖隧道。之后杨际泰进士又招工匠 70 余人，历经 13 年，在千仞绝壁上用铁链悬于空中开凿，打通云华洞，开辟达天阁。其石室、

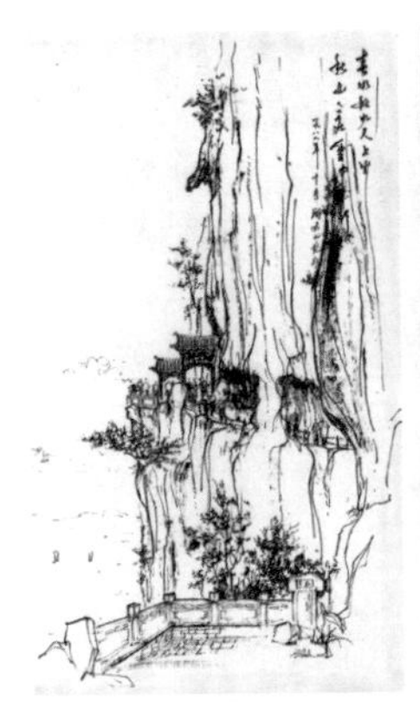

图 2–14　西山龙门悬崖　图 2–15　西山龙门

楹联、神像、顶棚、室壁、神案、香炉、烛台等全在原生岩石上雕凿而成，它铭刻着先辈的坚强意志，是古人聪明智慧的结晶。手扶浮悬空中的石栏，使人心旷神怡，浑身舒展。低头一看，万丈深渊；极目远视，碧波荡漾。龙门的开凿者，鬼斧神工，妙不可言。[1]

聂耳墓（图 2–16 和图 2–17）　位于太华山与罗汉山之间的山坡上，坐西向东，苍松翠柏掩映。1988 年国务院公布其为全国重点文物保护单位。

1985 年 7 月 17 日，聂耳逝世五十周年，昆明市园林局重修了聂耳墓。新整修的墓园占地面积 1200 平方米，背依青山，前临滇池。墓园呈云南月琴状，7 个花台表示 7 个音阶。墓穴位于月琴发音孔上，呈圆形，直径 3.8 米，由 24 块墨石叠砌，象征聂耳 24 岁年轻的生命。墓上安放着直径 1.5 米的汉白玉雕制的花圈，花圈上镶嵌聂耳的生卒年“1912—1935”的铜质金字。墓碑上刻郭沫若撰写的碑文“人民音乐家聂耳之墓”。墓园左右的石挡墙上，镶刻着郭沫若撰写的墓志铭和田汉撰写的悼诗。墓前方有一尊汉白玉雕聂耳全身立像，高 3.28 米。墓园南侧，建有聂耳纪念馆及墓园管理用房。

小石林　西山龙门石道狭窄，游人云集之时，道路阻塞，异常危险。为疏导游人、开发罗汉山上层游览线，昆明市人民政府决定打通龙门至小石林迂回磴道。迂回磴道由达天阁石室南侧开口，凿长 47.4 米的

1　昆明市人民政府 . 昆明年鉴 . 北京：新华出版社，1990（326）

图 2-16　聂耳雕像

图 2-17　聂耳墓

隧道，名“穿云洞”，洞由东向西，绕过悬崖断层，折而在洞内凿石阶向南，出口处辟平台，名“天台”。由天台折向西北，沿悬崖凿傍山磴道，上到比龙门高 100 米的“回峰台”。迂回磴道全长 1076 米，共有石阶 1193 级，由此进入罗汉山巅千亩小石林。在盘旋陡峭的石道旁，兴建了烟雨亭、遥骋亭、晚照亭，依亭观景，滇海烟雨苍茫。

玉兰园（图 2-18 和图 2-19）　发挥两山“太华玉兰”的植物景观优势，占地 66 亩，是全国最大的玉兰专类园。园内种植白玉兰、紫玉兰、朱砂玉兰 1000 多株，配植杜鹃 4000 多株，茶花等其他花木 2000 多株。园内有梅花古树及云南樱花、优昙花和大鳞肖楠等著名花木。有自然式休憩草坪 12000 多平方米。建有二层民居别墅式的综合服务楼以及休息亭、旅游厕所等设施。[1]

图 2-18　玉兰园入口

图 2-19　玉兰春晓

1　昆明市园林绿化局 . 昆明园林志 . 昆明：云南人民出版社，2002：83-84.

现在的西山森林公园，游览活动内容丰富。有登山健身旅游，宗教朝山拜佛旅游，文物鉴赏旅游，瞻仰聂耳墓、南洋机工纪念馆的爱国主义教育红色旅游，观滇池日出、晚霞气候风光旅游，观太华寺云南名花及碧鸡玉兰园的花卉观赏旅游，“三月三，耍西山”的民俗活动旅游，考察元代“千步崖”蹬道和梁王避暑台遗址的考古旅游以及观赏龙门断崖和小石林喀斯特地貌的地质旅游。[1]

二、昆明金殿森林公园

昆明金殿森林公园（图 2–20）位于昆明城东北隅鸣凤山（又名“鹦鹉山”）上，鸣凤山东临金殿水库，南接世界园艺博览园，西南邻穿金路与昆明主城区连接，北有金黑公路、昆曲高速公路。森林公园内物种资源十分丰富，森林覆盖率达 90%。

明万历三十年（1602 年）开始，崇信道教的云南军门巡抚陈用宾模仿湖北武当山七十二峰之中峰太和宫的建筑形式，于鸣凤山创建吕仙祠、太和宫和三元宫。太和宫居中，宫内修筑紫禁城，铸铜建北极真武殿，供奉真武祖师。明崇祯十年（1637 年）云南巡抚张凤翮将铜殿移到宾川鸡足山天柱峰。清康熙九年（1670 年）鸣凤山太和宫铜殿得到重建，吴三桂修葺太和宫，重建真武铜殿，铜铸神像，竖“铜幡竿十余丈，

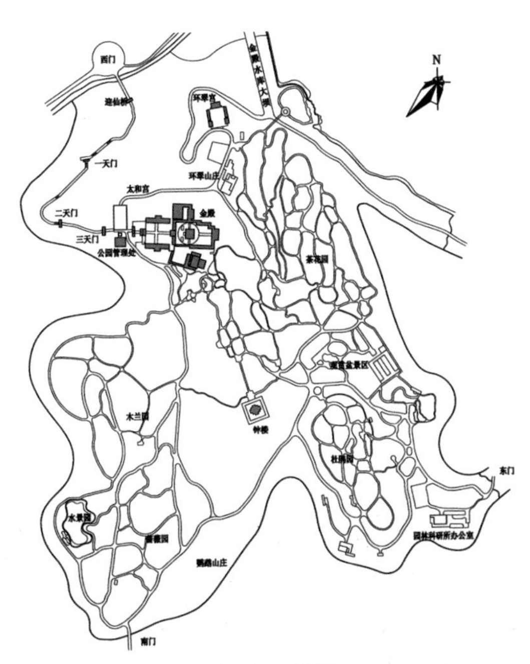

图 2–20　金殿森林公园平面示意图

1　西山森林公园——昆明公园．城市吧，2013.

亭亭特立”。1958 年，成立昆明市园林局，金殿名胜区由园林局管辖。1983—1991 年，在鸣凤山东面、南面兴建占地 500 亩的“昆明市园林植物园”。1997—1999 年，市政府全面维修太和宫古建筑群，整修钟楼，开辟钟楼旅游服务区，兴建大型观赏温室，新建杜鹃精品园，开发兰圃和蕨类植物园，重建秋园餐厅。如今的金殿森林公园包括金殿名胜区（图 2–21）、植物园、“茶花文化”主题园等，总占地面积 1773 亩。

图 2–21　金殿名胜区平面示意图

天门　位于鸣凤山麓。跨羊清河，过迎仙桥入山，竖一座四墩三门石牌坊，正面坊额“鸣凤胜境”，背面坊额“玉虚孔衢”。石坊东面，有明代陈用宾所立“唐高风正节吕真人洞路”石碑。过胜境坊，沿石阶登山到太和宫山门，240 多米的松荫石级曲径上，建筑 3 座“天门”牌坊（图 2–22），“天门”均为四墩三门形式。第一天门保持明代建筑风格，柱抬梁无斗拱；二天门和三天门斗拱装饰，雕梁画栋，巍峨轩昂。1998 年新开辟金殿名胜区西门，位于鸣凤山西麓，石阶

（1）第一天门

（2）二天门

（3）三天门

图 2–22　天门

蹬道逶迤而上，连接二天门。西门系三重檐四墩三门琉璃牌坊，巍峨壮观。[1]

太和宫　位于鸣凤山西侧。整组建筑坐东朝西，由鸣凤山西麓西门过迎仙桥、三天门、棂星门进入太和宫中，是金殿森林公园中最大的建筑群。太和宫采用汉式城垣风格，小巧别致，且宫前还设立了作为儒家文庙特殊标志的棂星门牌坊，这种道观布局在其他地方也不多见。[2]

金殿（图 2–23）　又称为铜瓦寺。现今这座金殿创建于明万历三十年（1602 年），清康熙十年（1671 年）平西王吴三桂重新修葺。金殿全部用铜仿木结构铸成。平面方形，面宽、进深各三间，重檐歇山顶。斗拱、梁架、藻井以及外檐装修等均仿木建形式；门窗、格扇用镂空及浮雕方法刻铸出龙凤花草及锦绣图案，十分精美。殿后有一株明代山茶花，每年初春开放，花红似火。金殿不仅是中国四大铜殿之一，而且是最重、保存最好的一个。

环翠宫　位于鸣凤山北面山腰悬崖之上，即明万历年间始建的吕仙祠。环翠宫是一组四合院建筑群，大殿坐南朝北，东西厢房为两层民居式木结构建筑，北面门楼为歇山戗角屋面，二层木结构建筑，与厢房回廊相通。前殿系“慈航殿”，楼上为中国道教历史展览；大殿供奉道教三清、玉皇、吕真人等神像。[3]

图 2–23　太和宫金殿

1　昆明市园林绿化局 . 昆明园林志 . 昆明：云南人民出版社，2002（89）.
2　同 1.
3　同 1.

金殿铜文化 1997—1999 年的环境整治中，把登钟楼的游路改为秋园至钟楼轴线甬道。甬道两侧，仿制云南出土战国至汉的青铜器——铜枕、牛头、贮贝器、葫芦笙、牛虎铜案及滇王金印，成为云南青铜历史文化景廊。[1]

钟楼（图 2–24） 位于鸣凤山的最高点，建于 1983 年，楼高 29 米，共 3 层，平面呈“十”字形。每层 12 个飞檐翘角。楼上悬挂着一口铜钟，铜钟上铸有“大明永乐二十一年岁在癸卯吉日仲春造”，距今已有 590 多年历史。

茶花园（图 2–25） 茶花又名山茶花，是云南八大名花之一，有 500 多年的栽培历史。冬末春初，百花犹眠，树叶凋落，唯茶花吐艳盛开，是游览金殿的最佳季节。金殿的茶花驰名中外，有数千盆之多。此外，钟楼的东、南、西面以及杜鹃园南面，面积约 400 亩的面山部分，均广泛种植了小规格红花油茶、高山油茶等袋苗。既充分地利用了自然的坡地及面山环境，又能够遵循“适地适树”原则，让各类茶花在云南油杉、山玉兰等高大乔木的下层，即半阴半阳环境中良好地生长。如今，茶花园已然成为金殿森林公园的特色主题园之一。

图 2–24 金殿钟楼

图 2–25 金殿茶花园

1 昆明市园林绿化局 . 昆明园林志 . 昆明：云南人民出版社，2002（91）.

三、武定狮子山公园

狮子山景区（图 2-26 和图 2-27）　位于楚雄彝族自治州武定县城西 3 千米处，主峰海拔 2452 米，因山形似一头俯卧的狮子而得名。这里自然风光秀甲滇中，佛教文化底蕴深厚，牡丹花园云南独有，古树凌霄，林海蔽日，巉崖峥嵘，怪石嶙峋，山花浪漫，鸟语蝉鸣，是返璞归真、回归自然的佳境。狮子山景区系云南省重点风景名胜区，

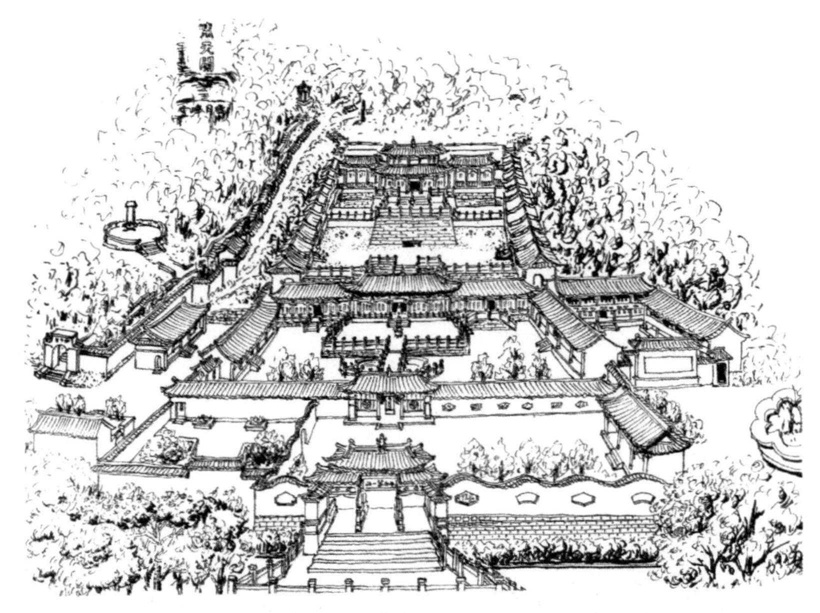

图 2-26　武定狮子山公园景点分布图（一）

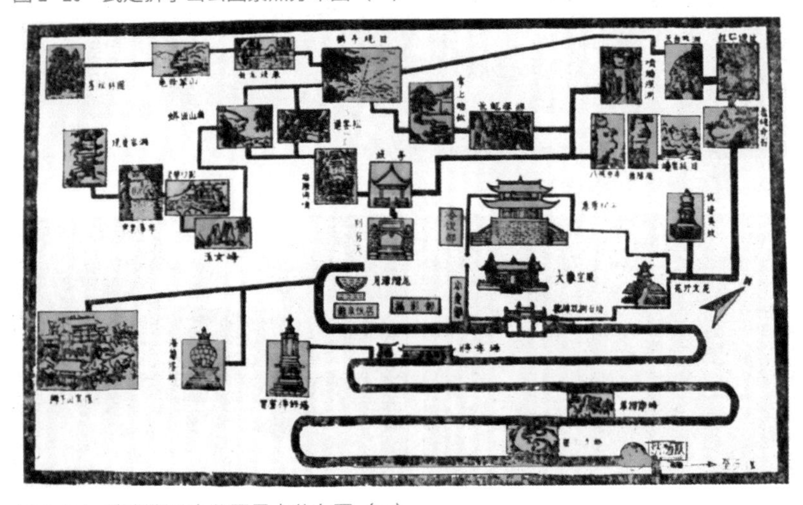

图 2-27　武定狮子山公园景点分布图（二）

2001 年被评为国家 AAA 级旅游景区；2009 年被评为国家 AAAA 级旅游景区；2011 年被评为“楚雄文明风景旅游区”，素有“西南第一山”之称。

狮子山山体南北走向，与乌蒙山遥遥相望。山顶平阔，由南向北缓缓倾斜，山顶四周是百余米高的陡峭悬崖，悬崖之下是一片缓冲坡地。狮子山风景区的入口处为古刹景区（图 2–28），以正续禅寺为中心，周围元、明、清各时期的古迹甚多，森林茂密，古木参天。古刹景区共有 11 个景点，其中以正续禅寺为胜景。

正续禅寺（图 2–29 和图 2–30）　建于元至大四年（1311 年），是为正寺；后经印度名僧指空扩建，是为续寺。经过明、清时代修复扩建，现占地 17 万平方米，有殿宇亭阁 110 多间。建筑依山就势，布局严谨。相传明永乐元年（1403 年）惠帝朱允炆在“靖难之役”后，八千里芒鞋徒步至此，落发为僧。藏经楼下有惠帝塑像。大雄宝殿是禅寺的主体建筑，为五檐歇山顶式土木结构，建筑面积 454 平方米，大殿南北各有 3 间楼房陪殿。北侧的方丈室独立成院，古雅清幽，春季牡丹盛开，金秋丹桂飘香。周围的庭院及楼台亭阁布局巧妙，工艺

图 2–28　武定狮子山公园入口牌坊

图 2–29　正续禅寺鸟瞰

图 2–30　正续禅寺

精湛，遍布于其间的各种碑刻、楹联出自历代名家之手，有着丰富的文化内涵。在大雄宝殿前有建文帝亲手栽植的两株孔雀杉，名叫“乾坤双树”（图 2–31），树形巨大，树干笔直，直插云霄。

藏经楼（图 2–32）　位于正续寺后院的藏经楼依山而起，几乎与狮山主峰融为一体。楼下的祠阁供奉的是建文皇帝，座前的木柱绘有金灿灿的天龙，作为寺院组成部分的皇帝祠阁，是皇家建制。楼阁建在一个 8 米高的石砌平台上，建筑是重檐歇山顶式的两层木架结构建筑，楼“帝王衣钵”正门两侧写有楹联：“僧为帝，帝亦为僧，数十载衣钵相传，正觉依然皇觉旧；叔负侄，侄不负叔，八千里芒鞋徒步，狮山更比燕山高。”

悬岩景区（图 2–33）　位于正续寺后面，是一条南北走向、长 3 千米、高 100 多米的石壁，形成一道巨大的台阶，地势十分险峻，只有几处可攀援登上山顶。在这条石壁上，有上倚绝壁下临深谷、仅容 1 人通过的鸟道天梯，有抬头只见一线天的深渊，有奇形怪状、似人似兽的奇岩怪石，有依岩就势修建的飞阁悬亭、云桥栈道，还有岩洞石室、飞泉瀑布、老树古藤，自然景观十分丰富。

图 2–31　乾坤双树

图 2–32　藏经楼

(1)

(2)

图 2–33　悬岩景区

牡丹花园（图 2–34）　狮子山的牡丹花园也是建文帝到此之后建置的，每年 5 月这里都会聚集来自云南各地的游人到此赏牡丹，也成就了云南唯一一个专类牡丹花园。

狮子山古有八景，分别是翠拥中峰、诸天楼阁、古树楹云、万壑烟霞、巉崖接日、寒泉瀑布、曲水流觞、花开文苑。诗人王心鉴游览后有诗赞曰："竹林古寺竹声喧，翠云掩映狮子山。千顷福田结如意，万竿修�药报平安。云卷云舒慈悲国，人往人来菩提园。无上清凉悟大道，种竹原本是参禅。"

(1)

(2)

图 2–34　牡丹花园

四、通海秀山公园

通海秀山公园（图 2–35、图 2–36）　位于云南省玉溪市通海县城南隅，是滇中地区重要的山地风景区之一。西汉元鼎元年（公元前 116 年）时名青山，唐谓秀山，宋名普光山，元、明称玉隐山，清代又恢复了秀山之名，成为云南佛教圣地，民国二十六年（1937 年）始名秀山公园。据《大明一统志》载，秀山是云南的四大名山，与昆明金马山、碧鸡山、大理的苍山齐名。峰顶海拔 2060 米，垂直高度近 200 米，辖区面积 76 万平方米，游览面积 155 万平方米，建筑面积 5 万余平方米。明代地理学家徐霞客游秀山时留下了赞美秀山的诗作。清康熙时，云南按察使许弘勋在《通海邑去序》中称誉秀山为"秀甲南滇"。

相传汉武帝封庄蹻的后裔毋波为哅町王，始在秀山辟园林，建古刹，立庭园。后经唐、宋、元、明、清五个朝代千百年来的扩建修缮，

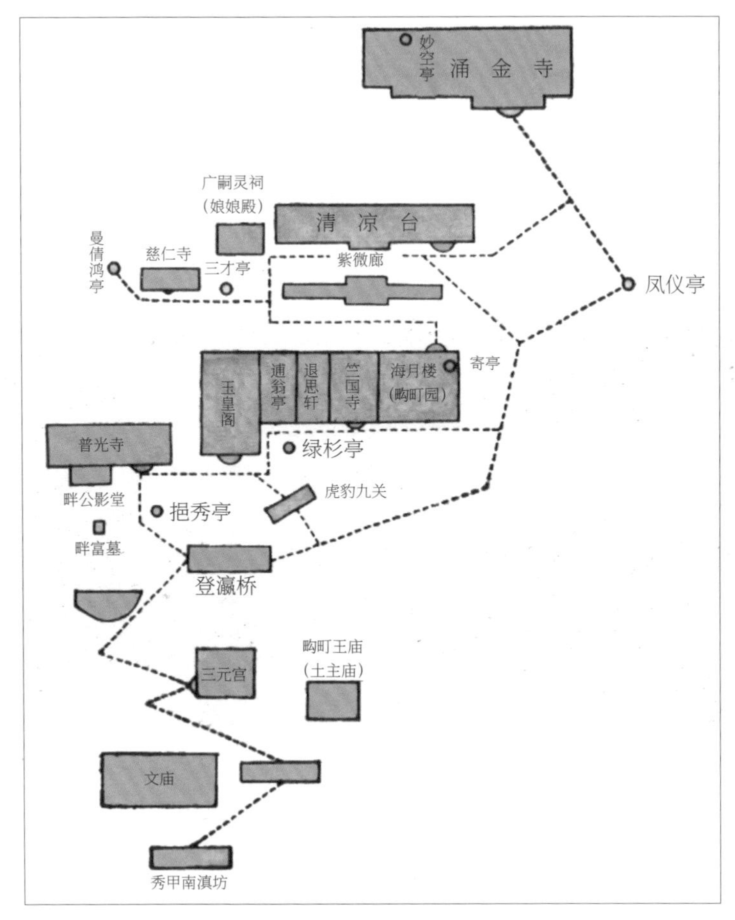

图 2-35　通海秀山公园建筑群分布图

逐步成为林木丰茂、闻名遐迩的风景名胜地。至今尚存畇町王庙、三元宫、普光寺、玉皇阁、清凉台、涌金寺、白龙寺七大古建筑群，1987 年即被列为云南省第三批省级重点文物保护单位，2003 年被列为国家级重点文物保护单位。

普光寺　位于秀山中部，建于南宋淳佑九年（1249 年），

图 2-36　秀山公园入口

即大理国道隆十一年。进入秀山山门，拾级而上，过畇町王庙、三元宫，普光寺山门赫然在目。普光寺建筑群含置观堂、畔富祠、畔富塔、洗钵池、铁牛塔等建筑，是秀山最古老的建筑之一。畔富祠和铁牛塔是为纪念两高僧所建。该院内完好地保存着立于元宣光七年（1377 年）的“普光山智照兰若记”碑（图 2–37），此碑对研究元代通海历史文化有较高的价值。

图 2–37　“普光山智照兰若记”碑

玉皇阁（图 2–38）　位于普光寺东侧，即颢穹宫，系道教建筑群。据玉皇阁红云殿（图 2–39）匾额上记载“皇明万历壬午孟夏之吉南京户部司务陈其力题”，新建的玉皇阁在万历壬午年（1582 年）前后落成。也就在这一年，陈其力将道教正一派道人常通天邀请到玉皇阁，成为道教在通海的第一代道人。到清咸丰年间，通海人为了纪念陈其力在秀山的功绩，将他称为通海道教的“开山祖师”。

图 2–38　玉皇阁

图 2–39　玉皇阁红云殿

清凉台　位于玉皇阁之后，原名“清凉寺”。传说为晚唐高僧铁牛禅师所建，明宪宗成化戊戌年（1478年），普光寺僧人净宗募缘重修。清凉台由海云楼、千峰万壑之楼、蓬莱阁、鲁贤祠、桂香殿、武侯祠、药王殿等连成一个四院三通的建筑整体。清凉台确是“古殿风生六月寒”，寺院地势高峻，四周绿树掩映，背山面湖，凉风不断，是避暑对弈、品茗的佳处。寺内遍悬历代名人的匾、联，不负“匾山联海”的盛名。

涌金寺（图2–40）　位于秀山上部，始建于宋理宗嘉熙年间（1237—1240年），修于元惠宗至正年间（1320—1370年），明清时寺内僧人达百余人。涌金寺俗称“大顶寺”，是秀山位置最高的建筑，因山势如“地涌金莲”而得名，占地面积6000多平方米。

寺庙建筑分三进，殿宇宏深。寺门雄踞于半圆形石阶之上，“涌金寺”（图2–41）三个贴金大字雄浑庄重。正中为古柏阁（图2–42），

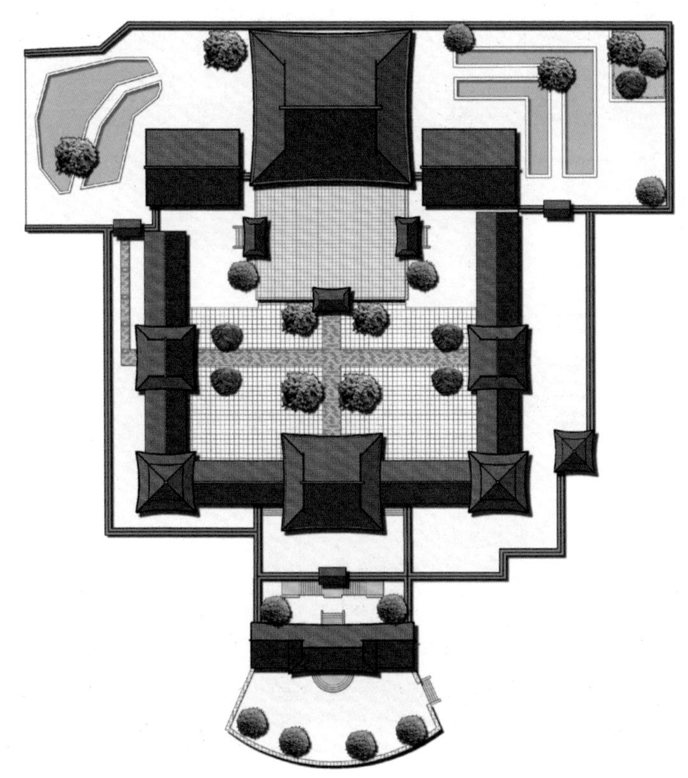

图2–40　涌金寺平面图

图 2-41　涌金寺入口

图 2-42　涌金寺古柏阁

此阁全部为木结构，奇巧无比。大雄宝殿塑三世大佛，慈颜善面，体态匀称。殿前“白马”“黄龙”“法海圆明”（图 2-43）三座牌坊分别立于东、西、北三方。大院中松柏苍劲，茶花吐艳，元杉喷香。

(1)“白马”牌坊

(2)“黄龙”牌坊

(3)“法海圆明”牌坊

图 2-43　牌坊

涌金寺左厢是一套院，门上有一别致的小匾，上书“这里来”。进门更是一个清静的院子，东为昙花轩，西为酌花楼，北面另为一小院，可谓院中之院。“这里来”院内有明玉兰、牡丹、芍药等名花奇草，进门就让人感到满院芬芳。

涌金寺依山而建，层叠而上，殿宇雄伟，气势恢宏。古代文人的诗碑裱嵌于壁，大殿内馨香缭绕，诵经声不绝于耳，殿外古柏参天，钟、鼓之声相应，可谓滇中大刹风范。

白龙寺（图 2–44）　位于秀山后部，涌金寺西侧幽林深处，是后山的唯一建筑。建于明宪宗丙午年（1486 年）。寺前有清泉一潭，名“白龙泉”，其水甘甜清冽，饮之爽口适身，回味无穷。寺院质朴典雅，与周围相得益彰。1988 年始，扩建了部分享阁游廊及服务设施，引水上山，凿池培植荷花及各种花卉草木，内含白云坞、丝竹馆、书画展室、池上长廊、财神殿、兰花园、茶花园，成为秀山公园的新景观。

园林植物　秀山的森林覆盖率达 94.2%，植物资源十分丰富，至今仍保持着完整的原始群落状态。山中林木扶疏，幽深静温，春日杂花生树，夏日树影幢幢，秋日红叶萧萧，冬日枝干奇倔。涌金寺内宋柏、元杉、明玉兰被称为“秀山三绝”（图 2–45），成为秀山中植物文化之大成。

匾联、碑文化　秀山不仅山川秀丽，更有历代墨客骚人、学者名宦为之吟诗咏词，古建筑群内遍悬历代名人墨客题写的匾、联、碑、刻共 250 余块，素有“匾山联海”和“碑林”之称。这些匾联碑刻上

（1）入口

（2）主殿

图 2–44　白龙寺入口及主殿

之书法均属上乘之作，使诗、书、画与建筑和自然景观有机融合，形成了秀山重要的人文景观环境。

秀山虽面积不大，山体不高，却小巧玲珑、浓郁清秀。山中禅院森森，曲径通幽，不仅有道家的三元宫、颢穹宫，佛教的清凉台、涌金寺，还有儒家的海月楼、酌花楼，更有各朝代风格特异的亭台楼阁等建筑掩映其间。这些构建有致、古色古香的寺院楼阁，彼此和谐融洽，共同展示着秀山公园的多元文化积淀，丰厚的自然与人文景观环境。

表 2–1 为滇中典型山地园林汇总表。

表 2–1　滇中典型山地园林汇总表

园林名称	地区	历史沿革	景观特征
西山森林公园	昆明市西郊碧鸡山	唐代称西山为“碧鸡山”；元明以来，称“太华山”；因其在城西，群众习惯称它为西山	古刹名木，俯瞰滇池
金殿森林公园	昆明市东北郊鸣凤山	明万历三十年（1602 年）开始，云南巡抚陈用宾于鸣凤山创建吕仙祠、太和宫和三元宫。清康熙年间鸣凤山太和宫铜殿得到重建	存中国最大铜殿，植被富集
通海秀山公园	玉溪市通海县城南隅	始建于公元前 82 年，即汉昭帝始元五年，大规模兴建于唐代，历经宋、元、明、清，形成一定规模	“匾山联海”；古刹众多
武定狮子山公园	楚雄州武定县城西隅	正续禅寺始建于元代至大四年（公元 1331 年）；牡丹花园规模已成云南公园之最	佛教名山，牡丹芳华

注：根据《昆明园林志》、各地州地方志、年鉴等资料整理而成。

（1）宋柏

（2）元杉

（3）明玉兰

图 2–45　秀山三绝

第二节　滇西山地园林

滇西城市园林分布在大理、丽江、香格里拉等城市。滇西山地园林分布在大理苍山、宾川鸡足山、巍山巍宝山、保山太保山和腾冲云峰山等地，其中大理苍山以其独特的地理环境、生物资源以及人文景观成为古今知名的旅游圣地。大理四大美景“风”“花”“雪”“月”中的雪指的就是苍山雪；而宾川的鸡足山、巍山的巍宝山、保山的太保山和腾冲的云峰山都以其自身的山林环境发展成道教、佛教的胜地。古往今来，这些道观、庙宇、自然风光引得无数喜爱之人竞折腰，不远万里，一睹芳华。

一、大理苍山森林公园

苍山又名点苍山，古籍中另有玷苍山、熊苍山、大理山之称。苍山位于云南省西部大理白族自治州境内，地跨大理市、漾濞县、洱源县三县市。[1]苍山由19座山峰由北而南组成，东临洱海，西望黑惠江，北起洱源县邓川镇，南至下关镇天生桥，长约50千米（图2-46）。

苍山是人类开发较早的地区之一，也是大理文化的一个主要承载体。考古发现的遗址和出土的文物表明，5000年前的新石器时期，苍山洱海一带就已有人类定居。唐代，当时称雄一方的地方王国——南诏在苍山东麓修筑了都城。779年，南诏王异牟寻效仿中原敕封境内的五岳四渎，苍山被敕封为“中岳”，成为南诏国的名山胜水。苍山之麓的崇圣寺、无为寺是南诏、大理国的皇家寺院，共有9位国君在此弃位为僧。明清时期，苍山成为宗教朝拜、休闲游玩的理想之所，人们在此建起大批寺院并开凿修建了大批景点，如中和寺、玉皇阁、

1　大理白族自治州苍山保护管理局出版社．苍山志．昆明：云南民族出版社，2008（2）．

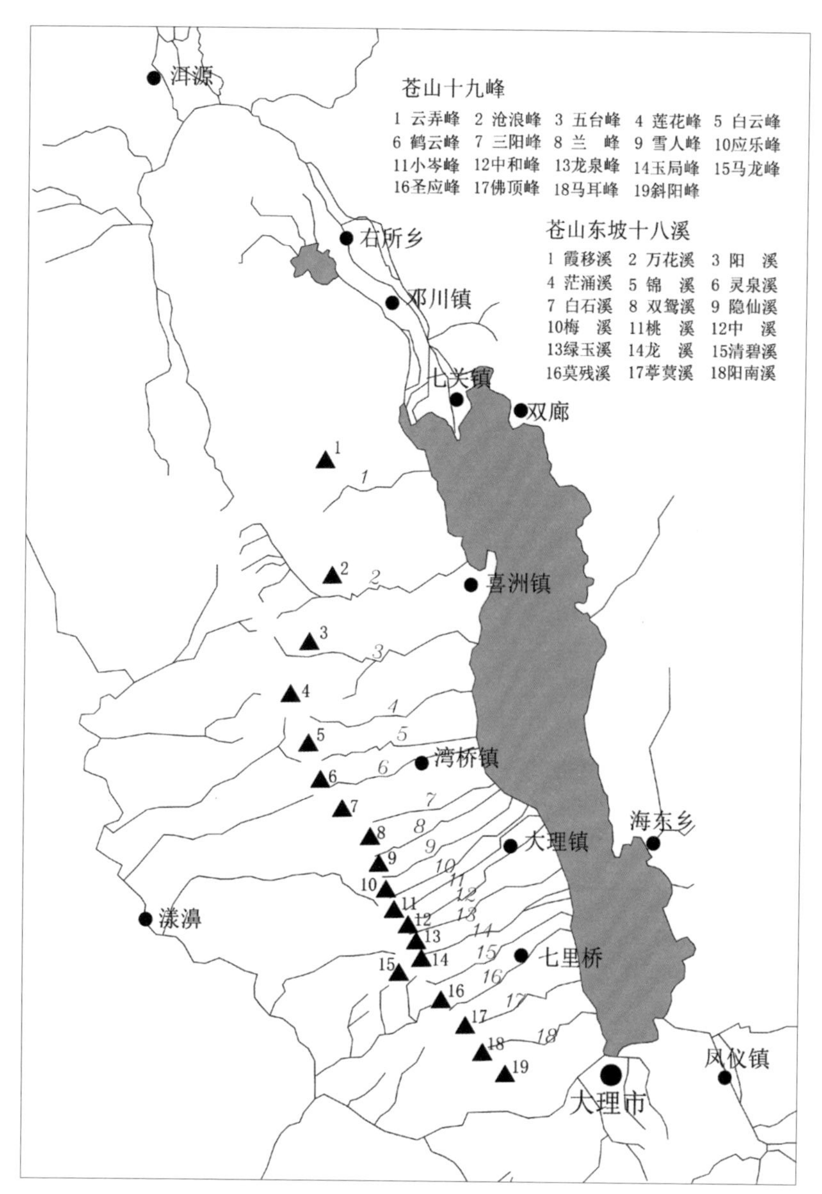

图 2–46 大理苍山平面图（描自《苍山志》）

鹤林寺、凤眼洞、龙眼洞、清碧溪等。1981 年，苍山洱海被列为云南省级自然保护区；1994 年，苍山洱海被列为国家级自然保护区；2006 年，大理苍山与南诏文化历史遗存被列入国家自然遗产、国家自然与文化遗产名录，肯定了苍山的自然价值和文化价值。[1]

1 大理白族自治州苍山保护管理局出版社．苍山志．昆明：云南民族出版社，2008（3）．

崇圣寺三塔　位于苍山小岑峰下，大理市大理镇西北1.5千米的三文笔村北侧。东临洱海，西靠苍山。三塔互成鼎足之势，主塔居中，南北两塔相峙于主塔之西，相距97.5米，与大塔相距各70米，是一组大小、风格各异的砖塔，被称为“大理三塔”（图2–47）。主塔又名“千寻塔”，平面呈正方形，底层边宽9.85米，通高69.13米，四周以青石勾栏围护。东面正中立一照壁，上镌刻有明万历十一年（1583年）黔国公沐世阶楷书“永镇山川”四个大字。南北两塔形制相同，各高42.19米。檐部饰莲花瓣及人物浮雕。塔身上有小佛龛、倚柱、直楞假窗等，装饰较主塔华丽。大理地区为地震多发区，三塔在地震中曾屡受破坏，明成化、嘉靖、万历和清乾隆、光绪年间都有修葺。1949年后，三塔得到妥善保护，1961年3月，被公布为全国重点文物保护单位。[1]

蝴蝶泉（图2–48）　位于大理市周城村北1千米处，苍山云弄峰下。蝴蝶泉为地下泉水，因泉所处的生态环境良好，适宜蝴蝶的生长繁殖，泉边的滇合欢四月初发花如蝶，又有真蝶千万连须勾足，悬于树上，直及泉面，展现出了蝶树合一的奇观。蝴蝶泉的蝶树合一是一种自然现象，但民间赋予其美丽动人的传说，因而更为出名。每年的农历四月十五为蝴蝶会，人们聚集潭边，唱歌跳舞，至今仍是白族青年男女谈情说爱的地点。蝴蝶泉现为大理市公园之一，修建有亭台楼阁，环境得到了改善，是中外游客到大理的必游之地。[2]

图2–47　崇圣寺三塔

图2–48　蝴蝶泉

1　大理白族自治州苍山保护管理局出版社．苍山志．昆明：云南民族出版社，2008（228）．
2　大理白族自治州苍山保护管理局出版社．苍山志．昆明：云南民族出版社，2008（193）．

清碧溪　苍山十八溪之一，位于苍山马龙峰与圣应峰之间。清碧溪中部有上、中、下三潭，清泉由山岩沟壑间流出，穿石泻岩，形成壮观的瀑布景观。清碧溪早在明代以前便以潭水清澈、景色秀丽而闻名。[1]其中，中潭是清碧溪的主要源头，陡崖嶙峋嵯峨，飞瀑悬流倾泻。两面绝崖环抱的一泓碧绿清澈见底。现清碧溪已有索道到达，成为大理著名的旅游景点之一。

天生桥　石质的天然桥梁，位于苍山斜阳峰与者摩山之间的峡谷中，一块巨石连接起峡谷两边的悬崖，西洱河水从桥下流过，形成了天然的桥梁景观。天生桥上宽下窄，桥底高出水面约8米，长5.5米，桥两岸峭壁对峙，河床骤降，未建电站之前，河水落差大，形成瀑布。现天生桥前修建了西洱河电站拦水坝，瀑布景观已不复存在，但天生桥仍为两岸行人通行的便道。[2]

洗马潭　位于苍山玉局峰顶东侧，海拔3920米，面积约4500平方米，潭深约1.5米，洗马潭潭底和四周由很薄的青黑色石板铺砌，显然为人工所为。据史载，洗马潭古称“高河”，是南诏时期的水利工程设施。洗马潭上面为苍山第二高峰——玉局峰，下面是盛产高河菜的高河菜塘，洗马潭是苍山登山旅游的一个主要目的地。[3]

感通寺（图2-49）　位于苍山圣应峰山麓，海拔约2295米。感通寺又名“荡山寺”，是大理著名的佛教建筑群。据传感通寺原寺庙建筑有36院之盛，但大多已遭损毁，现在的大云堂及寂照庵均为20世纪80年代后重建。大云堂为一进两院，由大门、照壁、水池、大殿、僧房、两厢组成。大殿坐西朝东，黄瓦红墙，左侧院内院墙上嵌有1995年大理市老年书画协会立《感通寺碑记》，

图2-49　感通寺

1　大理白族自治州苍山保护管理局出版社．苍山志．昆明：云南民族出版社，2008（192）．
2　大理白族自治州苍山保护管理局出版社．苍山志．昆明：云南民族出版社，2008（195）．
3　同1.

刻有历代咏题感通寺诗句。大云堂院内植有古茶树、玉兰、柏等。[1]

苍山是一座名山，之所以有名，是因为苍山洱海与大理白族文化、大理历史、云南历史紧密相连。苍山与大理白族文化有着密不可分的关系，“望夫云传说”“洗马潭传说”等众多以苍山为主角编纂的民间故事体现了人们对苍山的深厚感情，而苍山上众多的古刹和景点更是记录了大理数千年来的雨雪风霜。正因为苍山承载了这些历史文化、民族文化的信息，从而具有了文化的灵性，成为大理历史文化的重要组成部分。除此之外，苍山上的云、花、雪、溪等景色相映成趣，形成各种秀美奇观，吸引了大量的游客来此参观，而政府也加大了对苍山的保护开发力度，苍山旅游正在蓬勃兴起。

二、宾川鸡足山公园

宾川鸡足山公园（图 2–50）位于宾川县牛井镇西北炼洞乡境内，又名“九曲崖”“青巅山”。其山势背西北而面向东南，“前伸三爪，后支一距”，即前列三峰，后拖一岭，形如鸡足，故名鸡足山。它是与五台山、峨眉山、普陀山和九华山齐名的中国佛教名山，1980 年 8 月被列为省级自然保护区。

鸡足山是佛教禅宗的发源地，2000 多年前，释迦牟尼大弟子饮光

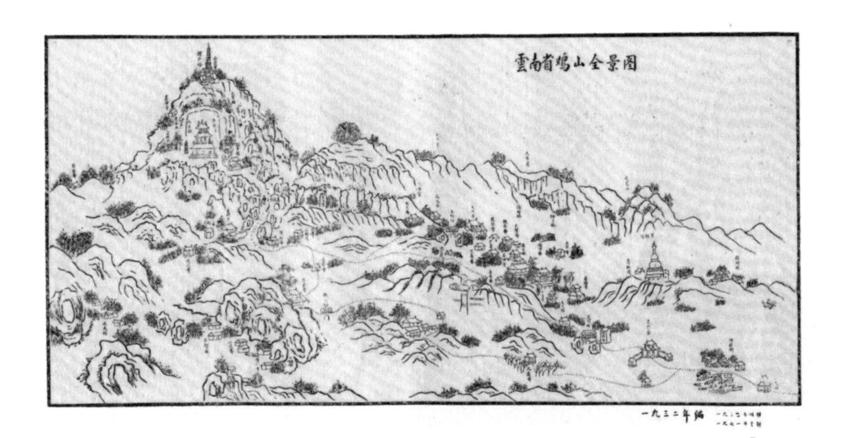

图 2–50　宾川鸡足山全景图

1　大理白族自治州苍山保护管理局出版社 . 苍山志 . 昆明：云南民族出版社，2008（201）.

迦叶僧入定鸡足山华首门，奠定了鸡足山在佛教界的崇高地位。元明两代，形成了以迦叶殿为主的8大寺71丛林。在鼎盛时期发展到拥有36寺和72庵、常驻僧尼达数千人的宏大规模。鸡足山千百年积淀了丰厚的历史文化内涵，明神宗颁藏经到山，赐紫衣圆顶；光绪、慈禧敕封“护国祝圣禅寺”，赐銮驾、紫衣、玉印等珍贵文物。中华人民共和国成立初期尚存寺庵28座、僧尼83人。1951年和1964年国家两次拨款进行维修，28座寺庙焕然一新，文物古迹得到更好的保护。2016年以来，中央、省、州、县皆拨款对其进行修复，如今祝圣寺、铜佛殿、金顶寺、太子阁、迦叶殿等基本竣工，尚建一座7000瓦微型电站，公路已由县城修通至山脚。[1]

鸡足山素以雄、险、奇、秀、幽著称，以“天开佛国”“灵山佛都”闻名，古人曾用一鸟、二茶、三龙、四观、五杉、六珍、七兽、八景来概括鸡足山的自然与人文美景，其中的八景指的是“天柱佛光、华首晴雷、苍山白雪、洱海回岚、飞瀑穿云、万壑松涛、重岩返照、塔院秋月”。明代旅行家徐霞客盛赞其“奇观尽收今古胜”“实首海内矣！”徐悲鸿赋诗“灵鹫一片荒凉土，岂比苍苍鸡足山。”

金顶寺（图2–51） 位于鸡足山主峰天柱峰的岩壁顶端，始建于明嘉靖年间（1522—1566年）。1637年，昆明太和宫金殿被移送至此，由此得名“金顶寺”。寺院建筑东为前门、三官殿；西为正殿、后门；南为僧室；北为旅馆；中有十三级密檐方塔，名“楞严塔”，高40米。塔的第一级设有铁铸花纹栏杆。登塔可东观日出，南观祥云，西观洱海，北观玉龙雪山。夏秋季节，阴雨初晴，白云密布，忽有光环现于云中，外晕五色，中虚如镜，观者各见己身于光环内，举手投足，无不肖像。此为鸡足山第一奇景“天柱佛光”。[2]

图2–51　金顶寺

华首门（图2–52） 天

1　宾川县人民政府．云南省宾川县地名志．1989（106）．
2　宾川县人民政府．云南省宾川县地名志．1989（105）．

柱峰南侧岩壁中部的一道天然石痕。该门不仅因独特的奇、险而闻名内外，还相传它是释迦牟尼十大弟子之一的迦叶守衣入定的地方，所以它在整个鸡足山享有举足轻重的地位，被佛教称为“中华第一门”。华首门宛若在笔直如削的天然绝壁上镶嵌的一道大石门，下临万丈深渊。门高 40 米，宽 20 米，上部圆形石崖挑出近 3 米，中间有一道垂直下裂的石缝把石壁分为两部分，“门”的中缝悬挂着距离大致相等的石头，即“石锁”，檐口、门楣清晰可辨，酷似一道石门。游人至此，仰观峭壁危崖，直指苍穹，猿猱难攀，摇摇欲坠；俯瞰幽谷深涧，云雾缥缈，深不见底，若置九霄。华首门居高临下，夏秋之际，远处山谷雷雨大作，这里却晴日当空，雷声与闪电电光从远处传来，在此碰壁后，回音反射，声震寰宇，空谷留音，被称为“华首晴雷”。

祝圣寺（图 2–53）　位于鸡足山东侧半山腰。原名“迎祥寺”，又名“钵盂庵”，明嘉靖年间（1522—1566 年）建。1904—1917 年，虚云建成了祝圣寺，后于 1980 年得到修复。修复后的祝圣寺保存了明清禅宗寺院照壁、天王殿、大雄宝殿、藏经楼在一条中轴线上，其他建筑左右对称的建筑格局，规制宏大，中轴线上有天王殿、大雄宝殿、药师殿、地藏殿、藏经楼等；两厢有禅堂、方丈室、戒堂、祖堂。2007 年重修后新开北边山门，增加了石桥、藏式宝瓶石塔、回栏后院虚云舍利塔。[1]

迦叶殿（图 2–54）　位于插屏山麓，登天柱峰的半山腰，海拔约 2870 米，原名“袈裟殿”。山里古碑曰：“周昭王五年丙辰，牟尼佛出世，其脱衣裳正在此处，故名袈裟殿。唐天宝时供刻像于此，

图 2–52　华首门

图 2–53　祝圣寺

1　许天侠 . 鸡足山佛教建筑艺术 . 佛教文化，2009（06）：51-60.

图 2–54 迦叶殿

又名迦叶殿。”1994 年建成现在的迦叶殿，为一进两院，中院旁又有侧院，由山门、中殿、大殿、客堂房及僧房、祖殿、露天禅房、莲坐闭关房、客房等组成，共百余间。山门建于高台上，内塑弥勒佛及四天王。中殿四周有回廊，两侧为厢房。大迦叶殿建于高台上，殿内按大迦叶独特的古貌圣像新雕刻香木守衣入定像，高 3.4 米，重达一吨，为全山最大雕像。殿左侧为僧房，右侧为祖殿。规模宏大的寺宇为混凝土结构仿古建筑，琉璃瓦顶。[1]

鸡足山佛教文化气氛浓郁，其中许多大寺历史悠久，保存着众多文物古迹，对佛教文化传承有着重要作用。鸡足山不仅是众多佛教徒的朝拜圣地，也是风景优美的游览胜地，山中有大量的山林泉石、花鸟鱼虫，令游人流连忘返。依托鸡足山的秀美风景，对佛教资源进行开发和利用，可以进一步提高鸡足山佛教旅游品质，吸引更多的游人来此游览。

三、巍山巍宝山公园

巍宝山公园（图 2–55）位于今云南省大理白族自治州巍山彝族

1 许天侠 . 鸡足山佛教建筑艺术 . 佛教文化，2009（06）：51-60.

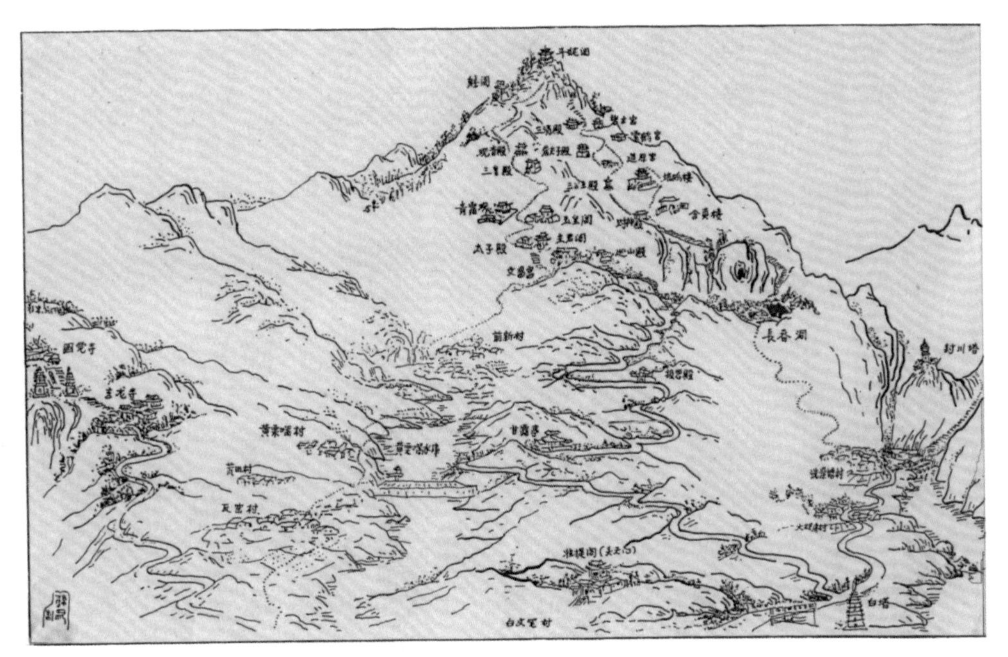

图 2-55　巍山巍宝山公园全景示意图

回族自治县城南 11 千米处，南依太极顶，西邻阳瓜江，东连五道河、北与大理苍山遥望。峰峦起伏，绵延数十里，前人认为其有宝气放出，因而得名。巍宝山是南诏的发源地，在唐贞观年间，南诏统治者的家族始祖来到巍宝山耕种，至今巍宝山还保留着南诏祖庙巡山殿、细奴罗耕牧居住遗址。此外，巍宝山还是我国的道教名山，明清时期大批道士来此修炼，并修建了大量道观，至今保存较好的道观有文昌宫、玉皇阁、长春洞等。

巍宝山是疗养和旅游兼宜的风景区，属北亚热带高原山地季风气候，冬无积雪，夏无酷热，常年山清水秀，植物繁茂，鸟语花香，云峰霞翠，空气新鲜，自然景色优美。方圆数十里的巍宝山中，有许多自然风光优美的胜景，如“天门锁胜”“拱城远眺”“美女瞻云”“龙池烟柳”“山茶流红”“鹤楼古梅”“朝阳育鹤”“古洞藏春”八景，环境清幽，景致优美，美丽的神话传说故事点染其间，别具神韵风采。如今巍宝山已被列为州县两级自然保护区，并于 1987 年 12 月被列为省级重点文物保护单位，是大理风景名胜区的一个重要景点。[1]

1　巍山彝族回族自治县县志编委会 . 巍宝山志 . 昆明：云南人民出版社，1989（12）.

报恩殿（今巍宝山林管所） 位于前山半山腰，向巡山殿方向走一段即可来到“美女瞻云”处，这里由山形奇特的三座小山峰组成，两峰向东北延伸，如美女仰卧时弯曲的一对双膝，一峰枕在巍宝山向西北延伸的山梁上，如美女枕在玉枕上仰视天空；中间是一座水池，云天倒映其间。这里有着优美的景致，每当春秋两季，小雨初晴，在太阳偏西的时分，天空中就会出现彩云现瑞的自然景观。这种景观映照在池水中，美丽动人。[1]

巡山殿 即南诏土主庙，是巍宝山前新村彝族的祖庙，由过厅、厢房、大殿组成。大殿祀南诏王始祖细奴罗，两旁站立侍者，文武各一，均穿着彝族服饰。过厅楼上祀三公主。殿内曾有一石碑，上面镌刻着彝族祖先名单，第一位为南诏始祖细奴罗，然后是南诏各代王和前新村的各家祖先。原殿宇雕像都已被毁，现存殿宇为 1980 年以后复修而成。[2]

文昌宫 位于巡山殿后，始建于汉代，最初为当地土著民族祭龙的龙王庙，清初改建为道观，称为文昌宫。内有关圣殿、魁星殿、金甲殿、文昌殿等祀道教神像的殿宇。其内的龙池、文龙亭和古垂柳组成了“龙池烟柳”之景。池为一长方形的水池，泉水从地下涌出，清澈如镜，湛蓝如玉。龙池中央有一座建筑艺术精湛的四角凉亭，名“文龙亭”，亭子的南北两面有石桥相通。龙池的四周围有雕花石栏杆，栏外有依依杨柳。[1]

图 2–56　巍宝山公园文昌宫文龙亭

文龙亭（图 2–56） 右侧桥墩石灰墙上绘有《松下踏歌图》，宽约 100 厘米，长约 120 厘米。画面上有男有女，有官有民，跳唱者共 39 人，线条清晰，实为一

1　巍山彝族回族自治县县志编委会 . 巍宝山志 . 昆明：云南人民出版社，1989（14）.
2　巍山彝族回族自治县县志编委会 . 巍宝山志 . 昆明：云南人民出版社，1989（23）.

幅完整的彝族打歌图。画中描绘了在群山环抱中，有一块宽阔的平地，平地一侧一株古老的苍松枝干弯曲如虬，叶子呈针形，集成束状向一边延伸。古树下 30 余人正在欢歌起舞。黄、黑、蓝、赭、绿、朱、白等颜色，绘出了打歌者的服饰颜色和式样。这幅踏歌图真实地反映了当时当地的民族风情，与悠久的巍宝山歌会也有密切的关系，是我们今天进一步研究彝族歌舞及彝族服饰的一件宝贵文物。[1]

主君阁　位于巍宝山前山，始建于明末清初，有两厢房和一个正殿，后原址遭毁，目前殿宇已得到重修。院内有山茶树，为明代晚期种植，原共有两株，其中一株被毁，现存的一株粗可合抱，高三四丈，现被列为山茶古木，得以保护。每当阳春季节，山茶开花数百朵，大如碗，红似胭脂，光照殿宇。游山的群众常集结在花树下，赞不绝口，被称为“山茶流红”。[2]

长春洞（图 2–57）　位于巍宝山西麓，海拔 2090 米，面向巍山古城，因道观后山岩中藏有一个古老石洞而得名。长春洞距其他道观距离较远，环境清幽，春色常在，被称为“古洞长春”。其由山门、前殿、大殿、厢房、花园、藏头等九楼十院组成。花园和厢房呈太极图中的阴鱼象，主殿和前殿的布局呈阳鱼象，围墙按方位呈八卦之象。其整体建筑风格也是以素雅为主，较少使用佛教、儒家建筑那种华丽尊贵的色彩，而是以青、灰、白为基调，在建筑结构、藻饰上也相对简洁，甚至融合了当地白族的一些风格特色。

图 2–57　巍宝山公园长春洞入口

长春洞园林景观通过巧妙的布局让人产生曲折流连的游览感受。在空间布局上，建筑与花窗相互映照，花草树木穿插其间，使景物若

1　巍山彝族回族自治县县志编委会．巍宝山志．昆明：云南人民出版社，1989（29）．
2　巍山彝族回族自治县县志编委会．巍宝山志．昆明：云南人民出版社，1989（15）．

隐若现，若藏若露，从而产生更多的虚实变化。在长春洞的入口处先是窄小的前院，由前殿进入后才是豁然开朗的正院，左右两边的厢房后又各是一个内院，巧妙安排了各个小空间，运用明暗虚实、欲扬先抑等手法，来达到小中见大的效果。建筑的檐下四周满是斗拱、雀替、花罩，透雕或半浮雕的光影交错，使人们仿佛游历在一个复杂多样、楼台亭阁不断变化的虚幻空间中。

此外，长春洞内还保存着大量的雕刻和绘画艺术作品。在大殿的天花板上绘有“三清”“四御”“五老”“六神”等50幅彩画，两侧窗板上还分别绘有中国传统的“二十四孝图”。南厢房的侧山墙上绘有单色的“百鸟朝凤图”。大殿的雕刻有平雕、浮雕、立雕、圆雕和数层镂空透雕等形式，玲珑剔透，工艺精湛。大殿屋顶正中央镂空，雕有一条精致的木蛟龙，藻井的壁画上雕有一条盘旋的紫龙。左边殿门雕有代表太阳的金鸟，右边殿门雕有代表月亮的玉兔，合起来就是日月同辉；在圆形的乾坤窗四周，雕满寓意为“福满乾坤”的蝙蝠；在圆窗下面雕有两只羽毛丰满的凤凰，朝着中间的火球飞去，代表“双凤朝阳”；大殿的八扇格子门从左至右依次雕刻有精细的八仙图，以及云、水、花、树、鸟兽等吉祥图案。这些雕刻用象征的手法表现了中国传统文化中的“福禄寿喜”等丰富内涵，可谓“万象中涵”“包罗天地”，在清代道教建筑中堪称一绝。[1]

巍宝山自然风光秀丽、峰峦叠嶂、古木参天，其中的石、泉、林等自然景观都与民间故事有所联系，给巍宝山增添了更多的人文气息。而山中古柏、楠木等名贵树种，穿山甲、画眉等珍稀动物以及当归、龙胆草等名贵药材随处可见，是自然资源的一个宝库。此外，巍宝山作为道教名山，与道教的关系源远流长，在历史的长河中留下了大量的亭台楼阁、道观仙洞等以道教建筑为载体的人文景观，是研究道教文化的重要资源。如今的巍宝山还定期举办各种宗教和民俗活动，如龙华会、朝山会、文昌帝君会等，不仅吸引了众多道教信徒，还激发了普通民众的游览兴趣，极大地丰富了人民群众的文化生活。

1 刘齐；许耘红．浅析道家美学思想在道观园林景观中的运用——以大理巍宝山长春洞为例．房地产导刊，2013（19）：5-14.

四、腾冲云峰山云峰寺

云峰山位于腾冲县城西北 50 多千米的瑞滇乡，海拔 2449 米，相对高度 700 米，是一座道教仙山。现存主体建筑有王母宫、官灵殿、吕祖殿及云峰寺四组建筑。云峰山高峻险绝，孤峰突起，凡人难以到达，从山脚到云峰山道教建筑群山门要走三个小时的山路，再经接近 70°的陡坡“三折云梯”才能到达山顶的云峰寺，体现了道教仙山山高难越的境界。但随着旅游事业的发展，云峰山已设有高空索道缆车，浏览参观十分便捷。

据推算，云峰寺（图 2–58）始建于明万历年间，于崇祯年间相继培葺。由于云峰山海拔过高、尖峰突出，寺庙成为了雷击的目标，其荒废的主要原因是雷电引起的火灾。现在的建筑为 1926 年静庵道人修建的。云峰寺坐落于云峰山之巅，建筑师取鬼斧神工的危崖绝壑，以凌云九霄之山势，顺峰形、峰势，凿石为梯，级千余，梯悬绝壁，就像游龙盘空入云，在危崖绝壑的两旁蜿蜒三折，所以被称为“云梯三折”，游人攀升时不敢后顾睥睨。建筑师以“千尺为势，百尺为形”的手法，在山巅设观音殿、玉皇阁、老君殿，右下设斗母阁、山门，山半腰设接引殿（又名“三官殿”），途中设客舍，山麓设万佛寺，构成一幅较大的叠山组景，其布局手法无不表现出建筑师巧妙利用自然的智慧，可算为处理多层次的空间组合及平面远近层次的范例。[1]

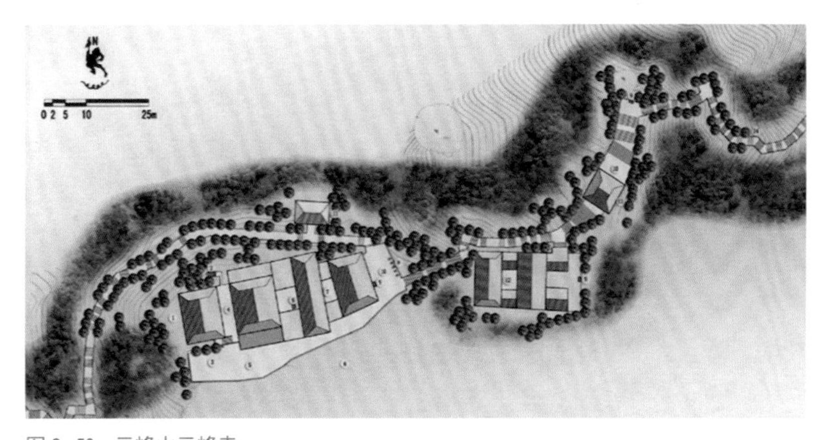

图 2–58 云峰山云峰寺

1 腾冲县建委 . 腾冲县建设志 . 昆明：云南民族出版社，2003（201）.

云峰三折 官灵殿是云峰寺的第一折山门，门前有一块面积不大的缓冲平台可供歇息，回首可看到群山万壑的壮美景观，山门的进深和开间均为三间。从山门后拾梯而上，进入第二折的吕祖殿，吕祖殿为一栋坐西向东的长方形二重组合院落，结合地形，采用腾冲本地传统民居“一正两厢带花厅”式的平面布局，殿前明间设天井，两侧厢房连廊，上到二层至前面的屋顶平台可极目远眺。吕祖殿平面设计看似规整，但竖向空间设置巧妙，屋面造型组合前后错落有致。沿着吕祖殿北面继续向上爬行，就到了云峰寺最高处的第三折，站在寺前平台，视野广阔，气象万千，日夜阴晴都有不同的景观。

云峰山 远看形如玉笋挺立，直插天际，因峰腰常常云雾缭绕，故名“云峰山”。云峰山以其“山高谷深，陡峭险峻”而著称。山上1000多级“三折云梯”直通山顶，最陡处的43级石阶近乎垂直，且宽不足尺，两旁是万丈深渊，令人目眩心惊。游客需面贴绝壁，手扶铁链而上。云峰寺建在两亩见方的山顶，有玉皇阁、老君殿、观音殿等明代建筑。站在天门极目远眺，可见远处高黎贡山雪峰皑皑，四周群山苍翠葱茏，平川春色如画，景色极为优美壮丽。

山顶建有玉皇阁、三清阁、吕祖殿；山腰建有关帝庙；山脚建有万福寺、接引寺等，均为明代万历、崇祯年间所建；犹以山顶的玉皇阁、三清阁、吕祖殿建筑最为别致奇险，均建造在山顶的岩石之上，飞檐凌空，独具特色，素有“天工人力两尽其能”之誉，享有“空中帝阙”“空中仙都”之美称。山中悬岩峭壁间的“云梯三折”被誉为腾冲十二景之首。

地理学家、旅行家徐霞客于明崇祯十二年（1639年）4月23日登云峰山旅游考察，住宿两日。徐霞客在日记中云：“顶东西长五丈，南北阔半之，中盖玉皇阁，前三楹奉白衣大士，后三楹奉三教圣人，顶平才如是现时其向皆东，临前峰之尖。南北夹阁为侧楼，半悬空中，北祠真武，下临北峡，而两头悬榻以待客；南祠山神，下临南峡，而中敞为斋堂。皆川僧法界所营构。”

其后又经李礼阳（道号“飘然子”）、张宗泰（道号“卧云”）等历任住持苦心经营，得八方群众乐善好施，寺院逐步扩展，至明末清初已建成依山形地势的建筑群，建筑面积为1130平方米。建筑师

取凌云九霄之山势，鬼斧神工的危崖绝壁，凿石千级为梯，形如游龙昂首盘空入云，蜿蜒三折于两旁危崖绝岭。以“千尺为势，百尺为形”的建筑艺术设计，在山巅布局各殿，纵横折叠，充分显示了巧妙利用自然的智慧。殿宇楼阁以重檐歇山、金顶翘脊显示其宗教特点；飞檐凌空、栉比相通显示其雄伟壮观。

云峰山道观不仅堪称腾冲诸多寺院中处理多层次的空间组合及平面远近层次的典范，而且可称其为表现我国独特风水学说的结晶，不愧为名山古刹。随着旅游事业的发展，云峰山已设有高空索道缆车，浏览参观十分便捷。

五、保山太保山武侯祠

太保山武侯祠（图 2–59）坐落于太保公园内的平场子西部，是该公园的游览中心。太保山位于怒江山脉尾部九隆（山）第一峰大宝盖东麓，居保山城西，南倚易罗池，东西跨 810 米，南北越 610 米，高 580 米。[1]

据记载，太保山武侯祠由明嘉靖十四年（1535 年）兵备副使任惟贤所建。由于历史的原因，中华人民共和国成立时此处已是断壁残垣，破烂不堪。1984 年，保山市人民政府拨款重修，将城区原财神庙、关帝庙拆迁至此，现为保山市太保公园管理使用。[2]

太保山武侯祠坐西向东，由前殿、过厅（中殿）、正殿组成三进两院，占地面积 4508.5 平方米，东西长 741 米，南北长 63.5 米。正殿是该祠的主体建筑，占地面积 162 平方米，台基高 1.2 米，面阔 3 间

图 2–59　保山武侯祠

1　线世海 . 保山文化史 . 昆明：云南民族出版社，2004（190）.
2　线世海 . 保山文化史 . 昆明：云南民族出版社，2004（145）.

12.1米，进深4间10.2米。殿中塑有武侯诸葛亮塑像，基座高1.05米，长13.1米，宽4.5米，阅台围有汉白玉石雕的塑柱栏板。左右分别为蜀汉时期诸葛亮麾下的武将云南太守吕凯和永昌太守王伉的塑像。南北两面墙上还有精撰木刻的诸葛亮的《前出师表》和《后出师表》。中殿是原祠前殿建筑，重修于光绪五年（1879年），占地面积161平方米，面阔3间12米，进深4间10.03米。前殿，其屋架原是关帝庙的组成部分，1984年拆迁至此，占地面积172平方米，台基高0.8米。庭院两厢为花园，上千盆各种名贵花卉布满园子，分“茶花园”“杜鹃园”“兰花园”“玫瑰园”等，每处园地玲珑别致，异香扑鼻，清幽静谧，使人身临其境时如置于画图之中。[1]

太保山武侯祠是为了纪念诸葛亮的历史功绩而建立的。[2] 现在的武侯祠不只是人们纪念、朝拜诸葛亮的地方，作为太保山公园的中心景观，也成了市民休闲娱乐的好去处。

表2–2为滇西典型山地园林汇总表。

表2–2　滇西典型山地园林汇总表

园林名称	地区	历史沿革	景观特征
大理苍山森林公园	大理市西郊	八世纪，南诏王异牟寻曾仿照中原政权的做法，把南诏境内的名山大川敕封为“五岳四渎”，点苍山被封为“中岳”	巍峨壮丽；生物多样性显著
宾川鸡足山公园	宾川县牛井镇西北炼洞乡境内	2000多年前，释迦牟尼大弟子饮光迦叶僧入定鸡足山华首门，奠定了其在佛教界的崇高地位	“摩柯迦叶”道场；佛教圣地
巍山巍宝山公园	巍山彝族回族自治县城南11千米处	唐时为南诏故都所在地，明清两代属蒙化府	道教名山，民族祭祖圣地
腾冲云峰山云峰寺	腾冲县城西北50多千米的瑞滇乡	山顶建有玉皇阁、三清阁、吕祖殿；山腰建有关帝庙；山脚建有万福寺、接引寺等，均为明代万历、崇祯年间所建	于巅峰处建道观，耸峙奇峻
保山太保山武侯祠	保山市西面的太保山	建于明朝嘉靖年间，由前殿、中殿、正殿组成三进两院，坐西向东，布局在一条中轴线上	现存中国第二大武侯祠

注：根据《昆明园林志》、各地州地方志、年鉴等资料整理而成。

1　线世海.保山文化史.昆明：云南民族出版社，2004（145）.
2　线世海.保山文化史.昆明：云南民族出版社，2004（146）.

第三章 云南水景园林

图 3-1　云南典型水景园林分布示意图

云南省河川纵横，湖泊众多。全省境内径流面积在100平方千米以上的河流有889条，分属长江（金沙江）、珠江（南盘江）、元江（红河）、澜沧江（湄公河）、怒江（萨尔温江）、大盈江（伊洛瓦底江）六大水系。红河和南盘江发源于云南境内，其余为过境河流。除金沙江、南盘江外，均为跨国河流，这些河流分别流入太平洋和印度洋。多数河流具有落差大、水流湍急、水流量变化大的特点。全省有高原湖泊40多个，多数为断陷型湖泊，大体分布在元江谷地和东云岭山地以南，多数在高原区内。湖泊水域面积约为1100平方千米，占全省总面积的0.28%，总蓄水量约为1480.19亿立方米。湖泊中数滇池面积最大，为306.3平方千米；洱海次之，面积约为250平方千米；抚仙湖深度全省第一，最深处为151.5米；泸沽湖次之，最深处为73.2米。

滇中的水泊主要有昆明的滇池、翠湖、黑龙潭、莲花池；玉溪的抚仙湖、星云湖、杞麓湖和阳宗海。滇南的水泊主要有蒙自的南湖、石屏的异龙湖。滇西的水泊主要有大理的洱海，丽江的黑龙潭、白马龙潭，腾冲的冷泉热海。随着历史的变迁，依托这些水泊而形成的园林环境，或邻水建造亭台楼阁，或修筑别院府衙，逐渐形成了秀美且知名的水景园林。

表3-1　云南主要高原湖泊水系及水景园林汇总

地区	高原湖泊 / 水系	主要园林
滇中地区	昆明滇池	大观楼公园、海埂公园、云南民族村公园
	昆明翠湖	翠湖公园
	昆明黑龙潭	黑龙潭公园
滇西地区	大理洱海	临湖白族民居公园
	丽江黑龙潭	黑龙潭公园
	丽江白马龙潭	白马龙潭公园
	腾冲冷泉热海	叠水河瀑布公园
滇南地区	蒙自南湖	南湖公园
	石屏异龙湖	异龙湖万亩荷花园
滇东北地区	昭通	望海楼公园

注：根据《昆明园林志》、各地州地方志、年鉴等资料整理而成。

云南优美的自然环境、独特的山水格局是云南水景园林的基础，其类型大多是私家园林和公共园林。例如滇池作为云南最大的高原湖泊，周边分布了众多的水景园林，如昆明大观楼公园、昆明海埂公园、昆明翠湖公园、云南民族村公园、昆明鲁家花园、昆明庾家花园等；除滇池周边的水景园林之外，异龙湖湿地公园、异龙湖万亩荷塘，昆明黑龙潭公园，丽江黑龙潭公园，洱海周边的别墅庭院，昭阳的望海楼公园等，这些私家花园和公共园林成为承载云南水景园林的组成部分。此外，小型的地表及遗址类的小水景园林，例如丽江的白马龙潭公园等，展现了云南山水格局中所追求的细致小巧特色。

总体而言，云南水景园林不同于传统的皇家园林、江南园林及岭南园林。云南水景园林既不刻意模仿缩微“山水格局”，也不推崇套路式水景做法，讲求因地制宜，讲求巧借整体自然山水构架格局，融合了本土深厚的文化底蕴，承载人们丰富的生活生产气息，集中展现了其不同的民族文化和地域风情。

第一节　滇中水景园林

滇中的水泊有昆明的滇池（滇池沿岸分布了古往今来众多的公共园林和私家园林）、翠湖（原来的翠湖水连着滇池，如今翠湖公园作为昆明市中心一座公共园林，吸引了大量市民来此休憩娱乐）、黑龙潭（是现如今昆明市内有名的水景公园）、玉溪的抚仙湖（属于高山淡水湖泊，是饮用水供水基地）。

滇中水景园林位于云南省的中心区位，无论是回首过往还是展望未来，都以不同的姿态面向世人。园林是包容的、开放的，正像水的特质一样，充满柔情，能够孕育生命，万物也因水而更加灵动。

一、昆明大观公园

昆明大观公园（图 3-2 和图 3-3），俗称“大观楼”，位于昆明

图 3–2　大观楼鸟瞰图

市西郊，地处滇池草海北滨，与滇池西岸的太华山隔水相望，古称“近华浦”。随着昆明城区的扩大，大观公园已成为城市公园，总面积为 47.8 公顷，其中陆地为 23.1 公顷，水面为 24.7 公顷。[1]

清代乾隆年间昆明寒士孙髯翁作大观楼 180 字长联，上联写滇池四围自然风光，巧妙地将传说与景物结合，以动写静，显得神奇富丽，生机勃勃，有声有色；下联则回溯云南历史，对显赫一

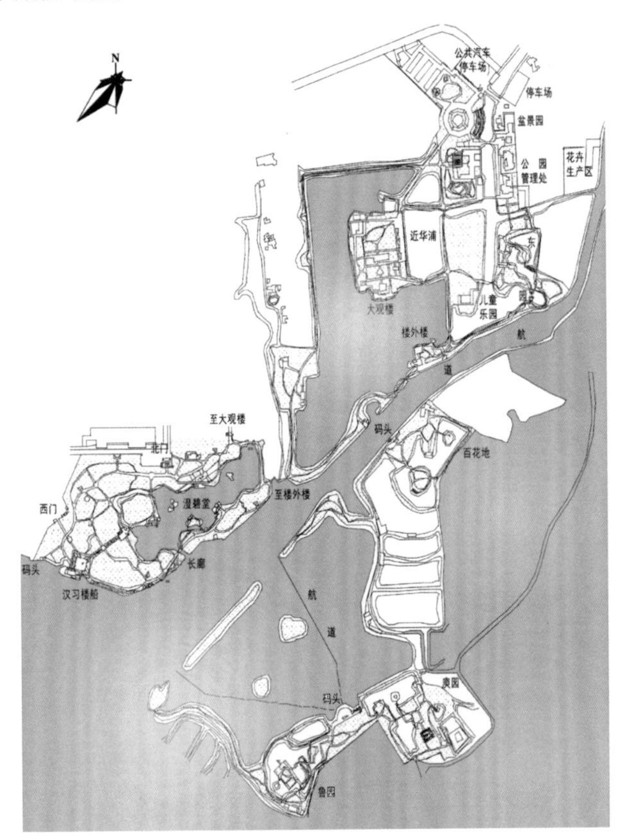

图 3–3　昆明大观公园平面示意图

1　昆明市园林绿化局 . 昆明园林志 . 昆明：云南人民出版社，2002（103）.

时的封建帝王活动进行了否定，预示了它的没落，批判锋芒，力透纸背。一纵一横囊括了广阔的时间与空间，显得大气磅礴，气势恢宏。毛泽东认为此长联“从古未有，别具一格”。从此，联因楼而生，楼因联而名，大观楼名扬四海，跻身于中国名楼之列。

清康熙二十一年（1682年），湖北和尚乾印在近华浦创建观音阁，清康熙二十九年（1690年）后，巡抚王继文、石文晟，布政使佟国襄等人挖池筑堤，种花植柳，建华严阁、催耕馆、观稼堂、涌月亭、澄碧堂、大观楼。清道光八年（1828年），云南按察使翟锦将大观楼由二层改为三层。清咸丰三年（1853年），皇帝问及云南滇池湖势，侍讲学士何云形“历陈大观情形”，咸丰帝遂赐“拨浪千层”匾额，悬挂于楼头。楹柱悬挂清代寒士孙髯翁的长联，世人叫绝，誉满天下。咸丰七年（1857年），大观楼毁于战乱，同治三至五年（1864—1866年），云南提督马如龙重修大观楼。光绪十四年（1888年），总督岑毓英令赵藩重书长联，题上自己的名，刻出后悬挂原处，即今人所见。

1918年，唐继尧将大观楼辟为公园，把清代呈贡篆刻书法家孙铸（字铁洲）的题额刻在门头，至此“大观楼”成为公园。民国初年，将三个石墩移到大观楼前的湖水中，形成“三潭印月”之景。历经40余年的建设，大观楼更加秀美，碧水涟漪，长堤垂柳，楼外有楼，景中有景，融自然湖光山色之娇，汇中国古典园林之美。[1]目前大观公园的主要景区有大观楼、近华浦、东园、盆景园、楼外楼、西园、大观南园。

大观楼　位于昆明市大观公园内，南临滇池，西望西山，与太华山隔水相望。因面临滇池，登楼而视野大开，景致壮观，故名“大观楼”（图3-4）。现存楼阁为光绪九年（1883年）重建。大观楼呈方形平面，面阔和进深均为10.37米，三重檐四角攒尖顶。

大观楼的平面布局简洁，主要入口在南北向，四周设有月台，南面临水，东西方向月台通过七级台阶下到地面。立面依次收分，具有西安大雁塔之建筑韵味。大观楼的正面显得庄重大方，蔚为壮观，登临四顾即产生“五百里滇池奔来眼底”之感觉。楼二层正面有清咸丰

1　昆明市人民政府．昆明年鉴．北京：新华出版社，1990：326-327.

(1) 大观楼　(2) 长联

图 3-4　大观楼及长联

帝御书颁赐大观楼的“拔浪千层”匾额。底层有联赞曰：“千秋怀抱三杯酒，万里云山一水楼。”1961 年郭沫若先生来此游览时，写诗赞叹：“果然一大观，山水唤凭栏。睡佛云中逸，滇池海样宽。长联尤在壁，巨笔信如椽。我亦披襟久，雄心溢两间。”1983 年大观楼被公布为省级重点文物保护单位，2013 被公布为国家级重点文物保护单位。

长联　清乾隆年间，寒士孙髯翁写出 180 字长联，上联写大观楼四周景物，下联追叙云南历史，寓情于景，对仗工整，浑然一体，被誉为“古今第一长联”：

五百里滇池，奔来眼底，披襟岸帻，喜茫茫，空阔无边！看：东骧神骏；西翥灵仪；北走蜿蜒；南翔缟素。高人韵士，何妨选胜登临。趁蟹屿螺洲，梳裹就风鬟雾鬓。更频天苇地，点缀些翠羽丹霞。莫孤负：四围香稻；万顷晴沙；九夏芙蓉；三春杨柳。

数千年往事，注到心头。把酒凌虚，叹滚滚，英雄谁在！想：汉习楼船；唐标铁柱，宋挥玉斧，元跨革囊。伟烈丰功，费尽移山心力。尽珠帘画栋，卷不及暮雨朝云。便断碣残碑，都付与苍烟落照。只赢得：几杵疏钟，半江渔火；两行秋雁，一枕清霜。[1]

1　昆明市园林绿化局 . 昆明园林志 . 昆明：云南人民出版社，2002（106）.

近华浦　从大观公园正门入园，主干道正对近华浦门楼（图3–5），“近华浦”三字镶嵌于近华浦楼拱形门上。早年这里是一片水浦湖滩，因浦临滇池，接近太华，故取名“近华浦”。公园主要景点大观楼位于浦内南面湖滨，门楼两侧有一副对联：“曾经沧海难为水，欲上高楼且泊舟。”此联为清道光年间阮元撰，后于同治七年（1868 年）重修大观楼后与“近华浦”三字一同用大理石制成，落款马如龙。近华浦三面临水，西面水榭长廊曲折环绕湖塘。西南面古长廊沿湖岸贯通催耕馆、牧梦亭、大观楼，浦内还有涌月亭、揽胜阁、观稼堂等古建筑。这些阁、楼、亭、堂原多为清康乾时期的建筑物，后因咸丰时毁于战火，又于同治年间由马如龙重建，拥有众多著名楹联、匾额。公园每年的春秋两季花展主要展区都设在近华浦内。1986 年 10 月 17 日，英国女王伊丽莎白二世在近华浦观稼堂东侧种下英国月季，立有一座石刻纪念碑。

图 3–5　近华浦门楼

东园　因位于近华浦东面而得名，由原来的邱园和柏园组成，东园的东面和南面为大观河，入滇池草海航道，北面邻大观楼大门。东园内荷塘纵横，柳堤环绕，逢水架桥，景色幽深，是大观公园最幽静的水景游览区。东园荷塘畔，柳丛中建有四方重檐的“小观楼”，与大观楼隔湖相望，形成东西对景。

楼外楼　位于大观楼东南面。楼东北面为儿童游乐园，楼东南面为航道，西南面为滇池草海，入口道路与东西柳堤相连。楼外楼原仅为 3 间茅房，后茅屋倒塌，于是在这里植花木、铺草坪，供游人在此观赏草海自然风光。1981 年建楼外楼，建成后的楼外楼犹如伸进滇池航道的画舫。画舫三面临水，楼一层，琉璃歇山屋面，外侧设螺旋“舷梯”，底楼设茶室，楼上设接待室。楼外楼在东南面的滇池航道边，栏杆外泊满载客游滇池的游艇及载客到鲁园、庾园的小船。楼西

南面和北面是宽阔的湖面。楼外楼景区与大观楼互为借景，美不胜收。1986 年 10 月 17 日，英国女王伊丽莎白二世、爱丁堡公爵伉俪，由西山华亭山麓西园乘游艇经草海到大观楼，就是在楼外楼泊舟上岸的。1988 年为配合大观西园建设，重修原楼外楼以西的三孔桥及桥两边的柳堤道路。

西园　位于楼外楼和大观楼湖面以西，西濒滇池草海，西南与大观南园（原鲁园、庾园）隔滇池航道相望，北面与西山区明波乡大观楼村接壤。总占地面积为 197.4 亩，水面面积近 45 亩，是为迎接 1999 年昆明世界园艺博览会而建的长联文化园，是一座现代园林。

大观南园　与楼外楼及大观西园隔河相望。西北面为滇池草海，东南面与官渡区福海乡五家堆村、马家堆村接界。占地面积为 2555 亩，其中水面面积为 134 亩。大观南园由鲁园、庾园、百花地 3 处景点组成。

鲁园（图 3–6）　位于草海湖畔，三面临水，面对滇池西山，视野开阔。鲁园原为鲁道源私家花园，庭园小巧别致，曲径通幽，宁静典雅。园中湖塘、曲桥、假山、亭廊、花坛等建筑具有江南园林特色。园内靠后临滇池，有一幢法式砖石建筑。湖中曲桥以石砌成，边有铁栏。桥右侧有一石舫靠于湖边，石舫尾部上建有四角亭，是模仿北京颐和园石舫所建。1982 年，昆明市政府对鲁园进行了修葺，建盖了 300 平方米的管理用房，疏理了湖塘，栽种了大量月季花，成为鲁园一大景观，1999 年，又对鲁园原法式别墅及周围花坛、道路进行了全面翻修、改造，同时在别墅右侧建盖 3 间配套房，连同别墅一起作为茶室对游客

图 3–6　鲁园

开放。修葺一新的鲁园既保持了庭园的原有风貌，又融入了现代园林艺术。

庾园（图 3–7） 位于鲁园东侧，原为民国时期昆明市长庾恩锡的私家花园。原主建筑为中式土木结构二层楼房，称为“红楼”。北门左侧原有砖木结构建筑“枕湖精舍”一幢。园内水面较宽，其上架有二孔石桥及曲桥各一座。葡萄架在房前形成步道，两株古老紫藤用水泥花架支撑于园西角。另有两株近百年历史的老龙柏对立于原“柯堂”门前，园内“枕湖精舍”及“柯堂”等建筑被拆除，修建了五栋砖木结构平房。部分树木被砍伐，花坛草地改建成篮球场。1985 年修葺了曲桥及亭子，清理了湖塘杂草，铺植草坪，园内广种桂花、金竹、芭蕉、广玉兰等植物，恢复了园林景观。1988 年，政府投资征用 15 亩地挖掘湖塘和修建步道、草坪、种植花木，使鲁园和庾园成为连成一体的游览区。

1992 年，园林局对庾园内五栋平房及餐厅会议厅进行了修整，将其改造为客房、娱乐厅，同时还开辟了溜冰场，成立庾园别墅客房餐厅部，正式对外营业。自此，庾园成为集园林游览、休闲度假、会议接待及文化娱乐为一体的公园。

1998 年，为迎接世界园艺博览会的召开，园内庭园建筑道路、湖塘、驳岸等得到了全面的维修改建。拆除原濒临倒塌的“红楼”，新建 400 平方米的二层楼房，楼下设茶室，楼上设娱乐厅和会议厅，重修了红楼一侧的花架和部分步道，开辟了大片草坪。

百花地 位于庾园东北面，与大观楼外楼隔河相望。百花地原属

(1)

(2)

图 3–7　庾园

市水产公司养殖场，1998 年为迎接世界园艺博览会的召开，园内庭园做了较大调整，填了原有的两个较小湖塘，连同原来陆地一起改造成 1.5 万平方米的大草坪。1999 年又在鱼塘东面建起了 30 平方米的弧形长廊，并筑了湖塘部分石岸。同时还在庾园码头外水面东侧，沿老堤埂修建了一条长约 200 米的柳荫步道，贯通百花地与庾园和鲁园间的游路，解决了三地间的分隔状态。[1]

二、昆明黑龙潭公园

黑龙潭公园（图 3–8）位于昆明市北郊龙泉山（又名“太极山”“五

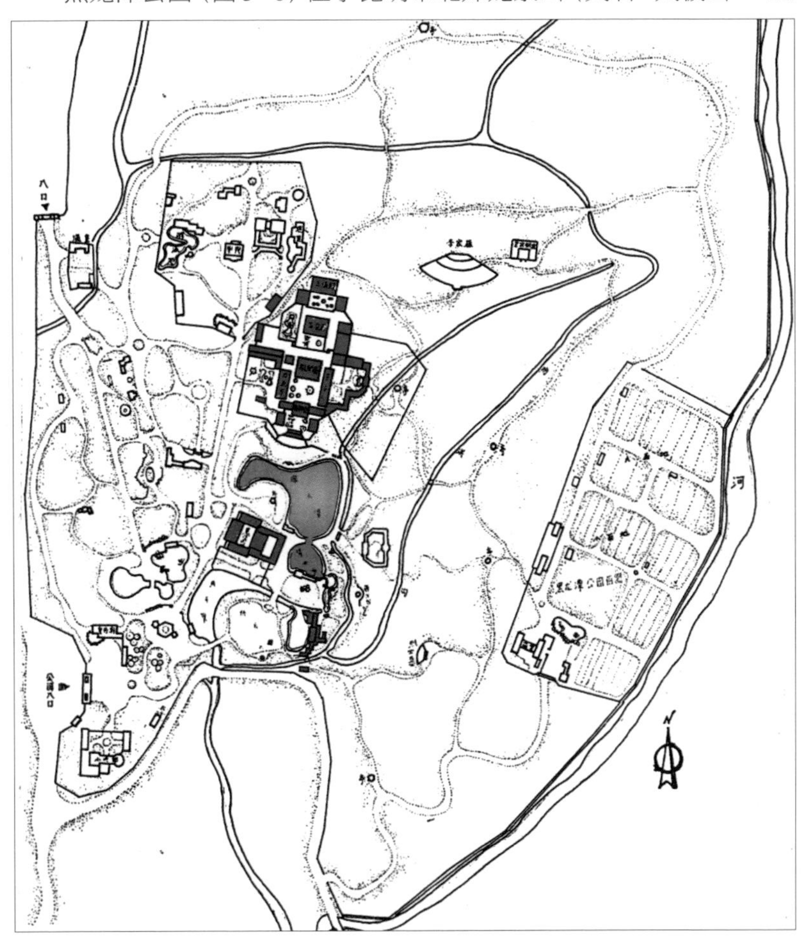

图 3–8　昆明黑龙潭公园平面图

1　昆明市人民政府 . 昆明年鉴 . 北京：新华出版社，1990：107-109.

老山”），占地面积为91.4公顷。黑龙潭三面环山，有南北二潭，中由石桥相连。民间传说有黑龙王潜居于此，故称黑龙潭。黑龙潭公园由黑龙宫、龙泉观、梅园和烈士墓园组成。1961年被昆明市人民政府公布为市级重点文物保护单位；1993年11月被云南省人民政府公布为省级重点文物保护单位。

黑龙潭有深浅两个池（图3–9），碧泉若镜，两池间有一座石桥。深池即黑龙潭，又名“清水潭”，呈圆形，四周砌石堤，面积约600平方米，最深处15米，清澈的泉水由潭底涌出；浅池位于深潭的西北面，泉水水色微黄，名“浑水潭”，面积约2600平方米，水深0.5米，清浑两泉仅相隔数步，水色迥异，一清一浑，像是道家阴阳各半的“太极图”。

道教宫观古建筑群分为两组，一组在潭西面，元初有庙，明洪武二十七年（1394年）改建为龙神祠（即今黑龙宫），明景泰四年（1453年）重修，清康熙二十九年（1690年）和光绪八年（1882年）大修，中华人民共和国成立后又多次维修[1]。另一组在潭东北麓，称为“龙泉观”，沿西东中轴线有山门、雷神楼、祖师殿、玉皇阁、三清殿等建筑，有大小九个院落，其中门楼尤其精美。

黑龙宫　紧靠龙潭边的古建筑群即“黑龙宫”，俗称“下观”，

图3–9　昆明黑龙潭公园清水潭（上图）、浑水潭（下图）

1　邱宣充，张瑛华．云南文物古迹大全．昆明：云南人民出版社，1992.

始建于明洪武二十七年（1394 年），明景泰四年（1453 年）世袭黔国公沐氏，重修黑龙宫。黑龙宫三进四院，绿树森森，古朴幽雅，正殿供龙王，配殿供水族等塑像。黑龙宫正殿墙上有清康熙年间云贵总督范承勋游黑龙潭所题咏碑记。

龙泉观　龙泉观又称“上观”。龙泉观山门拱门牌坊，上书“紫极玄都”。观内分为天君殿、雷神殿、北极殿、玉皇殿、三清殿和长春真人、通妙真人等五进十三所大小院落，整个建筑群顺山势由南向北层层升高。山门、雷神殿、祖师殿为第一级；玉皇殿为第二级；三清殿为第三级。潭水梅花，山岚烟雾，引人入胜。园内，东山嘴山坡上有王德三、吴澄、马登云三座烈士墓。龙泉观位于浑水潭一侧，背山靠水，地势较高，顺石阶而上，石阶边种植参天大树，其中包括430 多年的名木古树——滇润楠。

植物　龙泉观内北极殿前有著名的唐梅（图 3–10）、宋柏和明山茶花，被称为黑龙潭中的“三异木”。1961 年郭沫若游黑龙潭时曾赋诗一首，赞美黑龙潭的“三异木”：“茶花一树早桃红，百朵彤云啸傲中。惊醒唐梅睁眼倦，陪衬宋柏倍姿雄。崔嵬笔立无为纸，婉转横陈地吐虹。黑水祠中三异木，千年万代颂东风。”

图 3–10　唐梅

梅园　位于上观古建筑群的北面，始建于 1991 年 9 月，总占地面积为 28.5 公顷，种植地栽梅 28 个品种，1700 余株；种植梅桩 2000 余株。1994 年元旦正式对外开放，命名为“龙泉探梅园”，成为昆明新十六景之一。

碑刻　位于上观碑亭内，保存着历代大量珍贵的碑碣，除唐梅碑、凸字碑外，还有宋柏碑、太上老君画像碑、阮元诗碑、黑龙潭全景图碑及历代兴修黑龙潭碑记。

清嘉庆年间硕庆题联“两树梅花一潭水，四时烟雨半山云”点出了黑龙潭风景名胜区的主要景观特色。黑龙潭宫观园林的布局和空间形态等体现了中国传统园林建筑的特点，也体现了道教文化思想，道观内朴实静谧，文化氛围浓厚，观中植物丰富，多名木古树，是昆明为数不多的宫观古建筑群落保护地，也是昆明市民游玩赏景的好去处。

三、昆明海埂公园

海埂公园（图 3–11）位于昆明市滇池北面。一条长 4500 米、宽 60 ~ 300 米不等的长堤，像一条碧绿的玉带，由滇池东岸伸向西岸，东起金家河海埂村，西与罗汉崖下的龙门村隔峡相对。盘龙江水带来上游大量的泥沙和滇池湖水逆时针方向由西向东洄流卷来滇池东岸的泥沙，经过漫长岁月的堆积，形成了这条狭长的弧形半岛沙滩。

海埂公园分为 4 个区域：东面为国家体育总局冬训基地；中部为沙滩浴场，坡度平缓，沙滩细软；西面为公园游览区，可坐观水景和西山景色，也可垂钓；北面沼泽地为疗养区和旅游中心，开辟有金鱼湖、百花园、大型民族村和数家园林式的度假村。

海埂大坝　是一条天然的分界线，将 300 多平方千米的滇池分为两块水域，埂南为滇池，埂北为草海。从 1970 年元旦开始，撤销“海埂公园”，几十万人“围海造田”，从碧鸡山取土，车载船运，把海埂以北几万亩天然渔场，填成种不出庄稼的沼泽地。

海埂历史上是昆明百姓游泳、垂钓的自然风景区，1962 年开始在

图 3–11　海埂公园平面示意图

这里建海埂公园，由昆明市园林局管理。1970 年撤销公园后，“围海造田指挥部”驻扎此地。1971 年成立海埂农场，划归昆明市农场管理局管理。1980 年恢复海埂公园，仍由农场管理局管辖。1991 年筹建云南民族村，合为“昆明民族文化风景旅游区建设管理处”。1994 年民族村第二期工程竣工，恢复海埂公园，隶属于昆明滇池国家旅游度假区管理委员会。[1]

海埂湿地公园　海埂公园被大坝分为两部分，湿地公园成为大坝内部重要的场地之一，遍植花卉，成为人们日常休闲娱乐的好去处。

如今的海埂公园是人们休闲、度假的佳处。画阁、石舫、观海长廊、葱绿的草坪、艳丽的樱花林、豪华游艇、海滨休闲广场、冬春两季飞来的千万只海鸥，彰显人与自然的和谐共处。

表 3–2 为滇中典型水景园林汇总表。

表 3–2　滇中典型水景园林汇总表

园林名称	地区	历史沿革	景观特征
昆明大观公园	昆明市西郊	清康熙二十一年（1682 年），湖北和尚乾印在近华浦创建观音阁，清康熙二十九年（1690 年）后，巡抚王继文、石文晟，布政使佟国襄等人挖池筑堤，种花植柳，建华严阁、催耕馆、观稼堂、涌月亭、澄碧堂、大观楼。1918 年，唐继尧将大观楼辟为公园，把清代呈贡篆刻书法家孙铸（铁洲）的题额刻在门头，至此“大观楼”成为公园	因中国第一长联而知名，上联写滇池自然景致；下联叙云南历史典故
昆明黑龙潭公园	昆明市北郊	道教宫观古建筑群分为两组，一组在潭西面，元初有庙，明洪武二十七年（1394 年）改建为龙神祠（即今黑龙宫），明景泰四年（1453 年）重修，清康熙二十九年（1690 年）和光绪八年（1882 年）大修。中华人民共和国成立后又多次维修。另一组在潭东北麓，称为“龙泉观”，沿西东中轴线有山门、雷神楼、祖师殿、玉皇阁、三清殿等建筑，有大小九个院落，其中门楼尤其精美	存“唐梅、宋柏，元杉，明茶”，赏梅胜地
昆明海埂公园	昆明市滇池北面	1962 年开始在这里建海埂公园，由昆明市园林局管理。1991 年筹建云南民族村，合为“昆明民族文化风景旅游区建设管理处”。1994 年民族村第二期工程竣工，隶属于昆明滇池国家旅游度假区管理委员会	于“海阔天空”处，赏“滇池夜月”美

注：根据《昆明园林志》、各地州地方志、年鉴等资料整理而成。

1　昆明市园林绿化局．昆明园林志．昆明：云南人民出版社，2002.

第二节　滇南水景园林

滇南水景园林以蒙自南湖公园和石屏异龙湖万亩荷花园最具代表性，前者为内湖公园，后者为湖泊湿地，各有特色。蒙自南湖公园在县城内部，沿岸及湖心岛上分布着众多历史名迹，充满人文气息；而异龙湖万亩荷花园不仅是石屏县的母亲湖，承载着石屏县百姓饮水的源头，也是现如今人们游赏、休憩的好去处，对环境的调节也有着重要的作用。

一、蒙自南湖公园

蒙自南湖公园（图 3−12、图 3−13）位于红河哈尼族彝族自治州

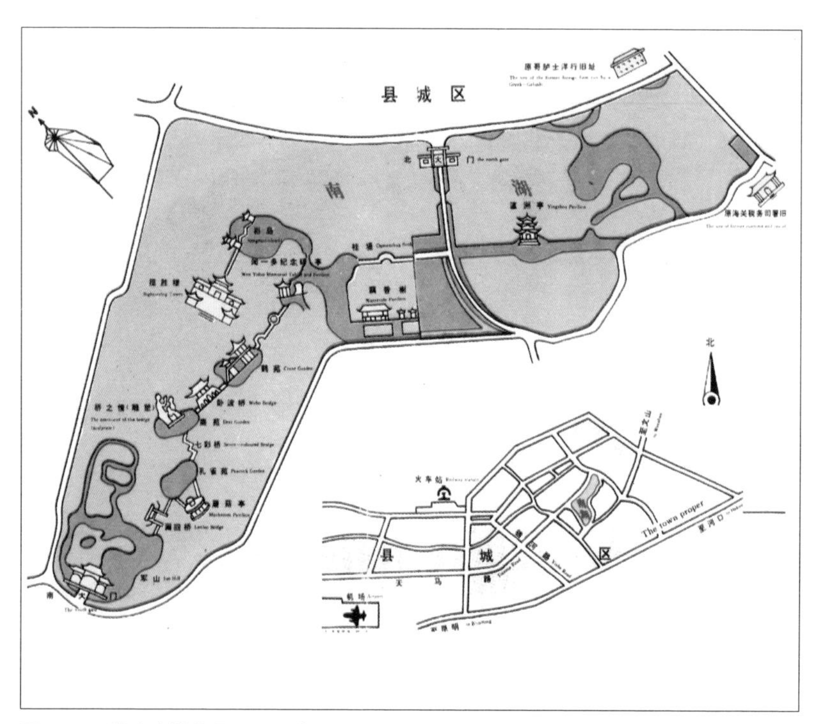

图 3−12　蒙自南湖公园平面示意图

图 3–13　蒙自南湖公园远眺

蒙自县文澜镇南部。总占地面积为 40.87 万平方米，其中水域面积为 29.94 万平方米。南湖原为一片沼泽地，于明代初年开始开掘成湖，至今经历了 600 多年的变更发展。

南湖公园以自然风光秀丽、园林建筑别致为特点。湖中一条长堤将湖面分为东西两部分：东部以瀛洲亭、席草塘广场、砚田景区为主要景点；西部为南湖主景区，有菘岛、闻一多纪念亭、揽胜楼、卧波桥、七彩桥、军山、过桥米线“桥之情”雕塑等景点。

瀛洲亭　始建于 1690 年，后经历了几次重修。亭高 22.4 米，为木结构，六角攒尖顶三层楼阁式重檐亭。顶盖琉璃瓦，黄绿相间，脊饰吻兽，宝顶耸立。瀛洲亭是南湖公园内的重要观赏古建筑，内外装修富丽，画栋飞檐，整体造型挺秀，结构匀称，是清代园林建筑佳作之一。

闻一多纪念亭（图 3–14）　建于 1984 年，原名“得月楼”，位于菘岛石坊门左侧。亭的正面眉头题有“闻一多纪念亭”；门柱左联为“长吟遗作，忍看你的脂膏，泪流蜡炬，千秋不息向人间”，右联为“仰止高亭，永忆春之末章，粉碎琉璃，一生奋斗为民主”。纪念碑立在纪念亭的东侧，碑身用整块大理石和青石制作而成，高近 3 米，石碑上部镶嵌着闻一多先生叼着烟斗的浮雕铜像，中部阴刻有闻一多先生的诗句：“诗人的主要天

图 3–14　闻一多纪念亭

赋是爱，爱他的祖国，爱他的人民。”碑背面阴刻的碑文，简要地总结了闻一多先生蒙自之行的人生经历。碑石顶上有一处洞窟，内植一株小松，迎风而长。整个碑石嶙峋傲骨的形态，似闻一多先生伟岸人格的写照。

揽胜楼（图 3–15） 矗立于湖面之上，连接四岛，高悬楼上的牌匾上有红底金书“揽胜楼”三字，出自书法名家杨修品之手，其书法遒劲雄浑，为揽胜楼增添了光彩。登楼远眺，青山碧水、田园农舍尽收眼底。

图 3–15　揽胜楼

蒙自南湖风景区几经修建，现已形成以南湖为中心，拥有诸多自然及人文景点，集园林名胜、自然风光、田园风光为一体的水景园林。

二、石屏异龙湖万亩荷花园

石屏异龙湖为云南五大湖泊之一，小于滇池、洱海和抚仙湖，大于杞麓湖，排名第四。湖位于石屏县城异龙镇东南 1 千米处，为断陷构造湖，面积为 44.4 平方千米，是石屏的母亲湖。入湖河流主要有城河、城南河、城北河及一些溪流，湖周有泉眼 22 处，多分布在西岸，也是湖水的重要来源。石屏世称“文献名邦”，是商贾云集之地。异龙湖原名“邑罗黑”，为彝语，意“龙吐口水形成的湖”。明代初年，汉族人来到石屏县，因不解彝语，误以为“邑罗”是湖的名称，遂传为“异龙湖”。

异龙湖烟波浩渺，水面面积为 32 平方千米，平均水深为 4 米，湖湾碧波荡漾，绿树成荫。湖上西部有三岛，南部有九曲七十二个港湾，称“三岛九曲七十二湾”。湖的入口在西面，位于县城东面；出口在东面，位于坝心镇。出河口筑有回栏阁，阁楼玲珑别致，琉璃瓦闪闪发光。

表 3–3 为滇南典型水景园林汇总表。

表 3-3　滇南典型水景园林汇总表

园林名称	地区	历史沿革	景观特征
蒙自南湖公园	蒙自县城南门外	蒙自县城地势南高北低，天旱缺水，为解决饮水用水问题，于明嘉靖年间把草坡挖深，“决革潮为堰，积其土为三山”。清乾隆庚午年（1750 年）又凿山 2600 余丈（1 丈≈ 3.33 米），引来白溪河水，并在城南面“筑堤数里，如长虹卧波，赤地泽国，望之令人心志豁然”，从此便形成了南湖	“一池三山”架构，园林田园风光俱佳
石屏异龙湖万亩荷花园	石屏县城异龙镇东南 1 公里	异龙湖烟波浩渺，水面面积为 32 平方公里，平均水深为 4 米，湖周天然形成“三岛九曲七十二湾”，湖湾碧波荡漾，绿树成荫	西岸植万亩荷花，夏秋绽放

注：根据《昆明园林志》、各地州地方志、年鉴等资料整理而成。

异龙湖的北岸较平直，龙潭较多，为湖之水源。东西岸地势平坦、土地肥沃，是滇南风光绮丽、物产丰富的地方。南岸多弯曲，形成港湾，较大的港湾有九个，与湖上西部的三个岛屿合称“九曲三岛”；“九曲”为大湾子、高家湾、杨家湾、豆地湾、马房湾、罗色湾、狮子湾、青色湾、白浪湾，由湖边五爪山伸入湖中形成；“三岛”中的小岛称为“孟吉垅”，又称“马坂垅”“小水城”，四周环水，其上多蛇虫，人不可居，唐宋时，酋长流放犯人于其上；中岛称“小米束”，又称“末束”，因其可居人而较大岛小一些，故也称小水城；大岛称为“和龙”，也称“大水城”。

异龙湖素有“千亩荷池飘香，异龙渔舟竞渡”的美誉。万亩荷花园区位于异龙湖西岸浅湖区，每进入盛夏，湖内荷花争奇斗艳、清香远溢，吸引了众多游人前来旅游观光，荷花已经成为石屏县一项不可或缺的重要旅游资源。大红、粉红、乳白、紫红四色荷花，竞相开放，把异龙湖点缀成花的海洋。

第三节　滇西水景园林

滇西的水景园林主要以丽江和腾冲的园林为主，大理的洱海畔虽有苍山，但将其归入滇西山地园林。丽江的黑龙潭在全国已知的黑龙潭中算是比较有名的，其特有的山水格局、人文传说也让这座园林更加引人入胜；丽江的白马龙潭公园依托古代建筑遗址而建，充满历史痕迹的寺院大门遗址及门前的三口潭，承载了无数过客的脚步。

滇西的水景园林具有浓厚的民族特色，是当地少数民族劳作生息之外的另一片天地，这里远离尘嚣、规避世俗、自成一格、别有洞天。

一、丽江黑龙潭公园

丽江黑龙潭公园位于丽江古城北端象山之麓（图3−16），俗称“龙王庙”，也称“玉泉公园”“玉水龙潭”“象山灵泉”。黑龙潭内随

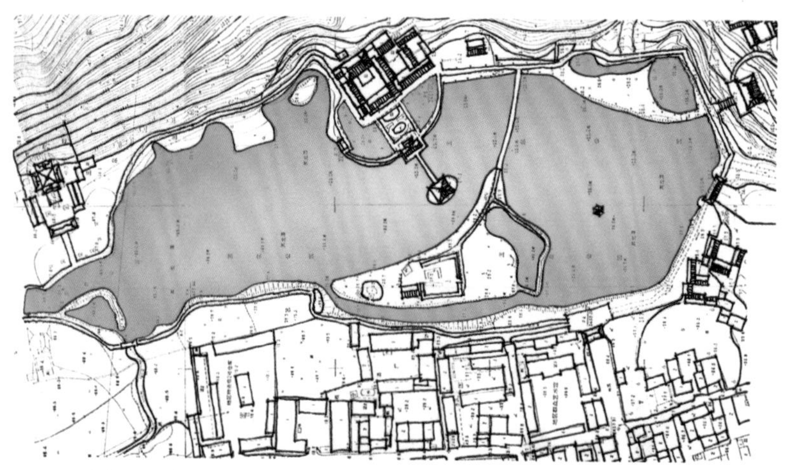

图3−16　丽江黑龙潭公园平面图

图3−17　锁翠桥

山就势地错落布置着龙神祠、锁翠桥（图3−17）、得月楼、玉皇阁和后来迁建于此的解脱林门楼、五凤楼（均为原明代芝山福国寺建筑）、光碧楼（原为明代知府衙署）及清代听鹂榭、一文亭、文明坊

等明清风格的古建筑。

丽江黑龙潭公园始建于乾隆二年（1737年），其后乾隆六十年（1795年）、光绪十八年（1892年）均有重修记载。旧名“玉泉龙王庙”，因获清嘉庆、光绪两朝皇帝敕封“龙神”而得名，后改称“黑龙潭”。黑龙潭以其天然秀丽，名列《中国名泉》《中国风景名胜》等书之中，诚不虚也。公园内有面积近76万平方米的湖面，形状如一弯新月，湖中心有亭子，湖岸另一侧有珍珠泉出水口。

在丽江黑龙潭公园牌楼门口，设置有4尊威武雄壮的石狮，这4个石狮原守护在木氏土司衙门前，1966年才迁移至此来守护玉泉。进入公园后往右走，但见垂柳飘指，一潭澄碧，树底天光云影，树梢楼台隐现。沿龙潭右堤至锁翠桥，桥上有联云：“惊涛撼树飞晴雪，未雨垂虹卧曲波。”生动地描绘了桥边的独特景致。往右边看，桥下三孔飞瀑，水花四溅，涛声如雷，流向古城，玉水河畔，杨柳依依，浓荫蔽日。往桥的左边看，不远处一座五孔石拱桥，如长虹卧波一般，将潭水一分为二，桥前有玲珑秀美的一文亭，桥后有古朴挺拔的三重檐得月楼，分别立于内外潭心，且得月楼四面临水，有桥与岸上相连。桥的右侧以象山轮廓为背景，居中远处则是在蓝天衬托下的玉龙雪山，倒映潭中，构成视觉层次丰富的秀丽美景和水天一色的天然图画，成为黑龙潭公园景观的精华所在。

得月楼　始建于清光绪二年（1876年），楼名取自古人对联“近水楼台先得月，向阳花木早逢春”中的三字。1963年重建时，郭沫若为该楼题写了匾额“得月楼”三字及两副对联，一副是集毛泽东诗词的对联：“春风杨柳万千条，风景这边独好；飞起玉龙三百万，江山如此多娇。”另一副是郭沫若撰书的楹联：“龙潭倒映十三峰，潜龙在天，飞龙在地；玉水纵横半里许，玉墨为体，苍玉为神。”全联仅30字，却道出了丽江黑龙潭自然风景的神韵，且书法遒劲而洒脱奔放，为公园添色不少。每当风平浪静，潭水犹如镜面，将远处玉龙雪山倒映潭中，形成“雪山四万八千丈，银屏一角深插底”的奇景。象山半壁也映入水中，使黑龙潭山中有水，水中有山，山水相映，景色秀丽（图3-18）。

图 3–18　丽江黑龙潭公园主景

丽江黑龙潭公园及园中的古建筑群于 2003 年被公布为国家级重点文物保护单位。这些建筑群造型舒展、典雅古朴，在山水之势的映衬下显得更加恢弘气派。

如今的黑龙潭公园不仅为市民与游客提供了休息游憩之地，也成了纳西族群众每逢盛大节日穿着盛装举行东巴文化表演的场所，是集历史文化与休闲游览为一体的综合性水景园林。

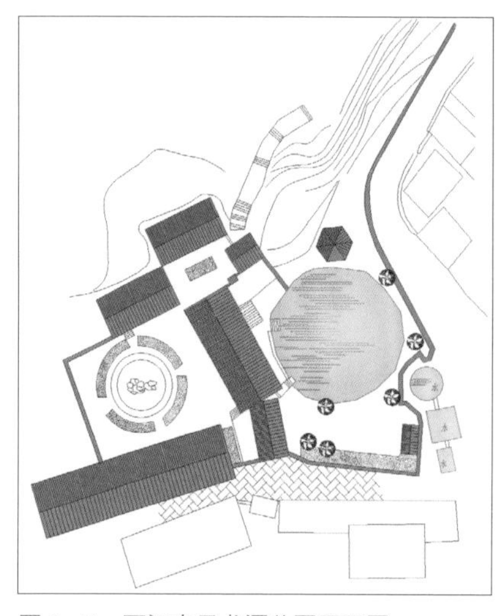
图 3–19　丽江白马龙潭公园平面图

二、丽江白马龙潭公园

丽江白马龙潭公园（图 3–19）是在白马龙潭寺旧址基础上发展而来的，位于丽江古城南端狮子山脚，始建于清乾隆十九年（1754 年），背靠狮子山，与山上的万古楼遥相呼应。白马龙潭寺在咸丰年间毁于兵燹，光绪八年（1882 年）

重建，现存山门、大殿、左厢房等建筑的规模布局依旧。大殿及厢房内壁镶嵌有清代纳西族诗人杨竹庐、马子云、桑映斗、牛焘等的撰刻诗碑。白马龙潭寺也是当时丽江文人学士吟诗作赋的重要活动场所。

白马龙潭寺前有一潭清泉（图 3–20），名“狮乳泉”，又称“白马龙潭”，泉水清澈甘甜。水从石间涌出，潭边古树成荫，池中游鱼腾跃，被纳西族人奉为神泉。龙潭为圆形，四周围有木制栏杆，时常有游人倚栏而坐，静观潭中鲤鱼、乌龟摇头摆尾、无忧无虑地来回游动。清清细流由寺中流至寺外，依次注入三个池中，即当地人所说的三眼井。龙潭对面有一座木亭，名为“财神殿”。亭旁植有数株古树，绿荫怡人。

白马龙潭公园如今对外开放，慕名而来的游客不计其数，感受三眼井的魅力，迎来送往，乐此不疲。

(1)

(2)

图 3–20　丽江白马龙潭公园

三、大理三塔倒影公园

三塔倒影公园（图 3–21）位于大理市崇圣寺三塔以南 1 千米处，公园坐北朝南，背靠三塔，以园内的潭水能倒影三塔雄姿而得名。跨入公园大门，迎面而立的是一座完全由大理石砌成的宽约 6 米、高 4 米多的颇具白族建筑特色的照壁，照壁中部是一幅巨大的由大理彩色花纺构成的天然山水画。

三塔倒影公园占地 27 余亩，中心部分是一片 10 余亩的水潭，水潭呈椭圆形，潭水洁净清幽。在三塔寺，由于三塔过于高大，且因三塔之间有一定距离，游人要把三塔作为背景摄入，实难如愿。而三塔倒影公园最有特色的是潭水碧绿如玉、清澈见底、水平如镜，能映出崇圣寺三塔的优美倒影，其倒影之清晰，常令游人叹为观止。游人不

图 3–21 三塔倒影公园

仅可以摄入三塔，还可摄入三塔倒影，同时也可摄入漾波亭、小屿及其倒影。此为借景之法，很好地将三塔之塔形连同苍山背景倒映潭中，构成一实一虚的对称景色，角度不同，倒影形态也随之不同。三塔倒影之妙，不仅体现在阳光灿烂的白天，更体现在月光如水的夜晚，此时的三塔倒影格外清晰，塔影四周水中繁星闪烁，玉兔轻移，让人顿觉天上人间，只在一念之间，月映三塔的绝佳美景称得上是真正的“三塔映月”。正如清代杨炳锃《三塔倒影》所赞：“佛都胜概肇中堂，三塔嶙嶙自放光。苍麓湖蟠映倒影，此中幻相说空王。”

四、保山易乐池公园

保山易乐池（图 3–22），又名“易罗池”，面积为 2 万多平方米，位于保山市西南角龙泉路末端，也是人们休闲娱乐的去处。易乐池作为保山著名的景点，也有其特殊的传说。易乐池主要景观为一塔、一池、一亭。

一塔是始建于唐朝南诏时期的文笔塔，距今已有 1200 多年的历史。此塔历经时代变迁，不断地被毁和重建。文笔塔设计巧妙、结构严谨，通体精致玲珑、柔和秀丽。塔平面呈方形，为 13 层叠涩密檐式结构。

图 3–22　保山易乐池公园鸟瞰

塔身轮廓略呈抛物线形，巍峨挺拔，瑰丽壮观。塔檐用叠涩砖砌成，是唐代砖塔的建筑特征。塔的每一层皆雕刻有 52 个龙头和密檐，这些密檐由定型砖和石雕相结合，每一层都开有拱形窗户。各层檐的翼角下有木质角梁，梁头悬铁风铎，清脆悦耳之声数里以外清晰可闻。塔内空外实，塔心室为方形，室壁为竖井形，设有螺旋式的阶梯盘绕而上，游人可以由此登塔。

一池是文笔塔东面的天然小湖，呈砚形，池面积为 2000 多万平方米，水深 3 ~ 4 米，名为“易乐池”，也叫“九龙池”“易罗池”。

一亭是湖心处的湖心亭，为两层四方形状，似砚台中的墨。湖心亭与池畔的天一阁、濯缨亭交相辉映。湖四周有石堤，堤上绿柳成荫，红桃成林。每至中秋之夜，皓月当空，清波荡漾，景色幽丽，被人们称作“龙泉夜月”小景。文笔塔如笔，易乐池如砚，湖心亭如墨，再加上保山城那平整如纸的阡陌，共同构成了保山有名的“文房四宝”。

如今，易乐池周边被改造成茶馆、酒肆，门口摆放的“杨柳米酒”四个大字足以说明，在陈列“九龙传说”的屋舍里也经营着茶馆。

五、腾冲叠水河瀑布

腾冲叠水河瀑布（图 3–23）位于腾冲县城西面，是腾越旅游文

图 3–23　叠水河瀑布

化园的一游览片区，为腾冲十二景之一的“龙洞垂帘”。叠水河瀑布高 46 米，是全国仅有的城市火山堰塞瀑布，瀑布崖壁上排列着奇妙的柱状节理群。

叠水河发源于腾冲县东北部的大盈江，属于伊洛瓦底江水系，沿途众流汇合，水量渐丰。它流经腾冲县城西约两千米的地面时，遇到一个巨大的断层崖。崖旁三峰突起，水从左峡中夺路而出，从 46 米高的崖头跌下深潭，形成了“不用弹弓花自散”的雄奇壮丽景观，然后继续奔涌向前。这里的河水仿佛被叠为两折，故俗称“叠水河瀑布”。

太极桥　距瀑布水口仅数十步，有石桥横卧其上，名为“太极桥”（图 3–24）。该桥为双孔石梁平桥，桥中设菱形石墩，墩上建方形攒尖石亭，小巧玲珑。石亭斗状盖顶，内顶有“太极图”，亭外石匾刻“观瀑”二字。在桥墩一侧刻有“民国二年九月滇西都督、大理提督张绍三文光创建，李根源题记”（图 3–25）字样。信步桥上，临空观瀑，桥下激流奔腾，破青崖，披白练，形如银河倒泻，雪喷云飞，又若万马驰骤，玉漱飞鸣，山谷应声，数百步外即闻，无不惊心动魄。瀑布产生的水汽蒸腾，日光射影，常现五彩虹霓；珠沫四溅，如同牛

图 3-24　太极桥

毛细雨，飞洒周围，常年不停。当地人士多用“龙洞垂帘”“久雨不停”来概括瀑布的景观特点。

龙光台　瀑布对面，一峰独起，山巅之上修建有一座景观瀑布台，这是在明嘉靖年间由永昌太守严时泰建造，万历年间蒋子龙一度扩建的一组合院。从太极桥前沿中峰而上至山门，山门正面为黎元洪题额“龙光台”三字（图 3-26）；背面为著名书法家吴昌硕书写的篆书“龙光台”三字，古朴挺秀，为书中佳品。过山门，石径三曲，至半圆形的观瀑台。台前有石栏凭借，中有巨松垂盖，下有石桌和石凳可以小憩。历代骚人墨客、文人雅士常在此凭栏观瀑、饮酒赋诗，并留下了不少诗词歌赋。过观瀑台，拾级再上进入合院，院内两厢走廊壁端嵌有石刻多方，书有关龙光台的诗文，都是名人学士之佳作。还有著名的清光绪进士寸开泰撰写的 206 字长联。

表 3-4 为滇西典型水景园林汇总表。

图 3-25　太极桥碑刻

图 3-26　龙光台大门

表 3–4 滇西典型水景园林汇总表

园林名称	地区	历史沿革	景观特征
丽江黑龙潭公园	丽江古城北端象山之麓	始建于清乾隆二年（1737 年），并经清乾隆六十年（1795 年）、光绪十八年（1892 年）两次重修。乾隆赐题为“玉泉龙神”，旧名“玉泉龙王庙”，因获清嘉庆、光绪两朝皇帝敕封为“龙神”而得名，后改称“黑龙潭”	巧于因借“山水美”
丽江白马龙潭公园	丽江古城南端狮子山脚	始建于清乾隆十九年（1754 年），背靠狮子山，与山上之万古楼遥相呼应。寺于咸丰年间毁于兵燹，光绪八年（1882 年）重建，现存山门、大殿、左厢房等建筑的规模布局依旧	纳西“神泉”，僧俗和谐
保山易乐池公园	保山市西南角龙泉路末端	位于云南保山城西南角龙泉路末端，易乐池始于公元初年，元明时期才形成一个既能供居民饮水、种田，又能供游人观赏的游览胜地，面积 2 万多平方米。易乐池主要景观为一塔、一池、一亭	“塔如笔，池如砚，亭如墨，城似纸”
腾冲叠水河瀑布公园	腾冲县城西 1 千米	腾冲叠水河瀑布是大盈江流经腾冲县城西，遇到断层崖，从 46 米高的崖头跌落深潭，在瀑布上建“太极石桥”（1912 年），上建一“石亭”，斗状盖顶，内顶镌“太极图”，名“观瀑亭”	石桥凌空飞架，瀑布气势磅礴
三塔倒影公园	大理白族自治州大理市崇圣寺三塔南	三塔倒影公园建于 20 世纪 80 年代，位于大理古城西门以北 1 公里处，背靠崇圣寺三塔，因园内潭水能清晰地倒影崇圣寺三塔而得名。公园建筑面积 7 亩，中心为 10 多亩呈椭圆形的水潭	波平如镜，倒影瑰丽

注：根据《昆明园林志》、各地州地方志、年鉴等资料整理而成。

第四章 云南城市园林

❶ 昆明翠湖公园
❷ 昆明宝海公园
❸ 昆明县华寺公园
❹ 昆明莲花池公园
❺ 昭阳望海楼公园
❻ 安宁楠园
❼ 建水朱家花园
❽ 建水张家花园
❾ 昭阳龙云祠堂
❿ 昆明民族村
⓫ 景洪曼听公园
⓬ 西双版纳傣族园
⓭ 建水纳楼司署
⓮ 孟连宣抚司署
⓯ 南甸宣抚司署
⓰ 昆明世界园艺博览园
⓱ 中科院昆明植物园
⓲ 中科院西双版纳热带植物
⓳ 勐海独树成林公园

图 4–1　云南典型城市园林分布示意图

云南城市园林的数量较多，发展势头为云南园林三大类之最，分布相对集中，它们的形成发展具有更大的普遍性和社会意义，标志着追求园林风景生活方式的一种时代精神。在云南的城市园林中，除了昆明市的翠湖公园、大观公园、黑龙潭公园和莲花池公园外，还有丽江的黑龙潭公园、白马龙潭公园，蒙自市的南湖公园，个旧市的宝华公园，景洪市的曼听公园等，它们都是具有明显地方特色的城市园林。如今在时代的召唤下，城市园林正以前所未有的生命力，出现在云南省的各大、中、小城镇中。

城市园林以滇中城市园林为中心，集中分布在滇中、滇西和滇南的城市群中。城市园林作为三大园林之最，不仅地位高，园林数量也是最多的。本章列举的城市园林与第二章的山地园林和第三章的水景园林有部分重复，故将重复的山地水景园林排除在外，重点讲述如今占据重要地位和比例的城市园林，例如云南民族村，集中展示了云南各少数民族的文化和地域特色，成为到昆明旅游的一个特色景点；再如昆明世界园艺博览园，作为改革开放后昆明重要的园林之一，同时作为中国第一座世界性的现代展示型园林，其地位也是毋庸置疑的。滇西的城市园林以私家宅园和小型水景园为主，集中反映了少数民族人民的智慧和对生活质量的追求，如丽江的白马龙潭公园、保山的武侯祠等。滇南的城市园林以私家花园、民族特色园，以及园林植物空间为主，例如建水的朱家花园和张家花园；勐海的独树成林公园中独立生长的榕树也成为传奇景观。

总体而言，城市园林作为城市生活不可缺少的一部分，已成为快节奏城市化和城市生活中重要的休闲空间。特别是随着云南各市、州经济等的发展，园林在城市中的地位也越来越重要。云南城市园林表现出了云贵高原上云南高山坝子里的风土人情和地域特色，集中体现了市井小厮、富商乡绅、达官贵人们的精神面貌和时代追求，具有重要的历史和现实意义。

第一节　城市公园

一、昆明翠湖公园

昆明翠湖公园（图 4-2）位于昆明市区五华山西麓，占地面积 21 公顷，水面面积为 15 公顷，是昆明城内景色秀丽的公园。

元代以前，滇池水位高，这里还属于城外的小湖湾，多稻田、菜园、

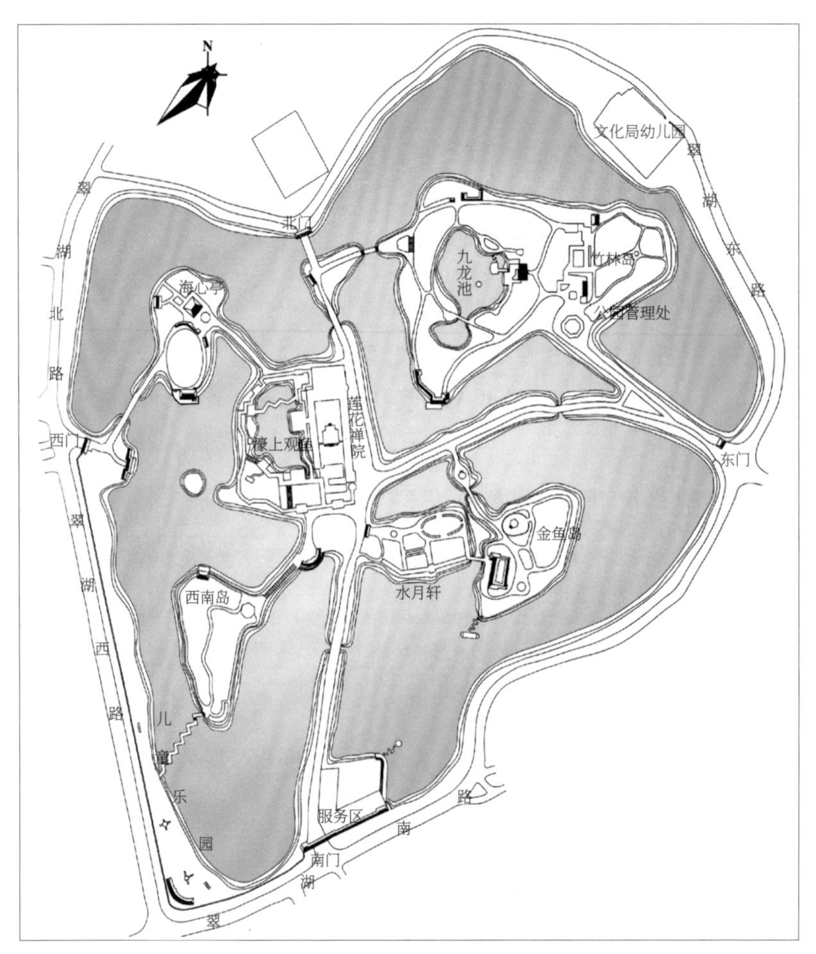

图 4-2　昆明翠湖公园平面图

莲池，故称“菜海子”。因东北面有九股泉，汇流成池，又名“九龙池”。到民国初年，改辟为园，园内遍植柳树，湖内多种荷花。1919年，唐继尧主持在翠湖由东向西筑长堤，名“唐堤”，与阮堤在湖心岛相交。1932年，龙云下令拆莲花禅院，建湖心亭建筑群。

园内的格局由纵贯南北的阮堤与直通东西的唐堤，将翠湖分成五片景区：湖心岛景区以湖心亭和观鱼楼等清代建筑为主；东南面是水月轩和金鱼岛；东北面是竹林岛和九龙池；南面是西南岛和九曲桥；西面是海心亭。

观鱼楼建筑群（图4–3）　又称“莲花禅院”“湖心亭”。湖心亭南北角留有龙云所建的两座三层八角琉璃亭。宽阔的院宇保留了原大戏台的格局，四周是琉璃瓦屋面，油漆彩画的建筑，是举办画展、灯展、书画展的场所。1980年，大修观鱼楼建筑群，将木结构两层建筑改建为砖混结构，两边厢房由两层改为一层，其他格局依原样重建，形成廊、榭、亭、曲桥组合而成的古典园林建筑群，耗资60万元，1981年5月1日建成开放。观鱼楼建筑群多次被油漆彩画。园内种草坪，常年种植应时鲜花。鱼池内新装彩灯喷泉一组，池中放养观赏红鱼、锦鲤，重现昔日“濠上观鱼”历史景观。[1]

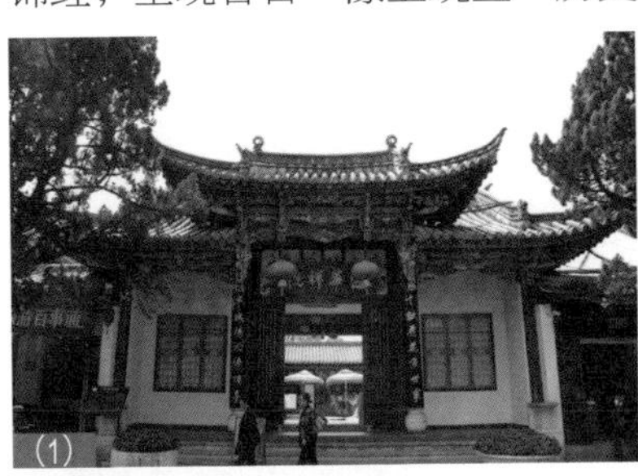

(1)

(2)

(3)

(4)

图4–3　观鱼楼建筑群

1　昆明市园林绿化局.昆明园林志.昆明：云南人民出版社，2002：111.

水月轩（图 4–4） 位于公园中心区，是游人休闲锻炼的主要景区。园内种植大量垂丝海棠，阳春三月一片红。垂柳环绕湖堤，花红柳绿，尤为醉人。树下是石桌凳，环境清幽，游人在此对弈、品茗，悠然自得。1995 年，在园内新置一组“翠湖嬉鸥”石刻。1998 年，在湖边新建一尊以海鸥为主题的不锈钢少女与海鸥的雕塑，名为“翔”，以铭记海鸥飞临翠湖的景观，展示人与自然融合的景象。在通往金鱼岛的水池旁，还安装了一组十二生肖石雕群。过小桥即至的金鱼岛，绿树成荫，也是纳凉喝茶的好地方。

翠湖嬉鸥 从 1985 年起，每年冬季都有大量海鸥从西伯利亚飞到昆明过冬，其中就有一部分在翠湖栖息。从 11 月到次年 3 月，海鸥从遥远的北方成群地飞到此过冬，每年如此，从不间断，一片人与自然和谐相处的景象。“翠湖嬉鸥”已成为昆明最热门的景观之一。

竹林岛 沿堤修竹成林，绿翠浓荫，又多藤蔓花架，幽径曲折，竹林连片成荫，花架下蔽日乘凉，湖塘荷花怒放。岛上常有民间艺人、歌手、舞者云集，演戏、对调、唱歌、跳舞即兴表演，不拘形式，自娱自乐，围观者甚多，热闹非凡。

西南岛（图 4–5） 因形似葫芦，又称“葫芦岛”。原来这里地势低洼，1954 年和 1965 年两次填土植树、铺草。2000 年岛上几百株棕榈成林，蕉丛点点，绿草如茵，绿篱沿步道回绕。岛中央辟为圆形平台，平台上，由共青团昆明市委集资修建的人民音乐家聂耳砂石雕像于 1985 年 7 月 17 日落成。西南岛建成后，10 余年失修，地面崎岖，土地裸露，步道积水。1995 年回填红土，理平地面，砖铺游路，补栽棕榈，新植草坪。在岛东南方，拆除旧铁棚，新建了面积为 250 平方

(1)

(2)

图 4–4 水月轩

图 4–5 西南岛

米的重檐亭廊一组。聂耳塑像广场，铺花岗岩砖，周边新栽海桐、红枫、塔柏，雕像在宽阔的广场及红枫翠柏的衬托下，显得庄严肃穆。同时又投资改造西南岛道路、驳岸、通道、铁护栏等。先后两次改造的西南岛，道路平坦，绿草茵茵，棕榈婆娑，座椅舒适，呈现出一派生机盎然的亚热带风光。

海心亭（图 4–6） 历史上曾有“东面高楼西面廊，翼然亭子立中央”之说。加之海心亭上匾联较多，成为当时城中秀丽的风景名胜，吸引着众多文人墨客，在亭阁中，在绿荫下，饮茶休憩，谈古论今，情趣盎然。清嘉庆初年，倪春有感于翠湖“一亭之外，别无容膝”，与雨庵和尚合作，于海心亭旁建莲花禅院。[1]

图 4–6 海心亭

如今翠湖公园在昆明主城之中，通过政府的努力，在利用和保护模式上进行了改良，在满足了周边居民、办公人员、在校学生不同需求的同时，又提高了休闲游憩的体验质量。

二、昆明昙华寺公园

昙华寺公园（图 4–7）坐落于昆明市东郊金马山瑞应峰西麓，寺

1 昆明市园林绿化局 . 昆明园林志 . 昆明：云南人民出版社，2002.

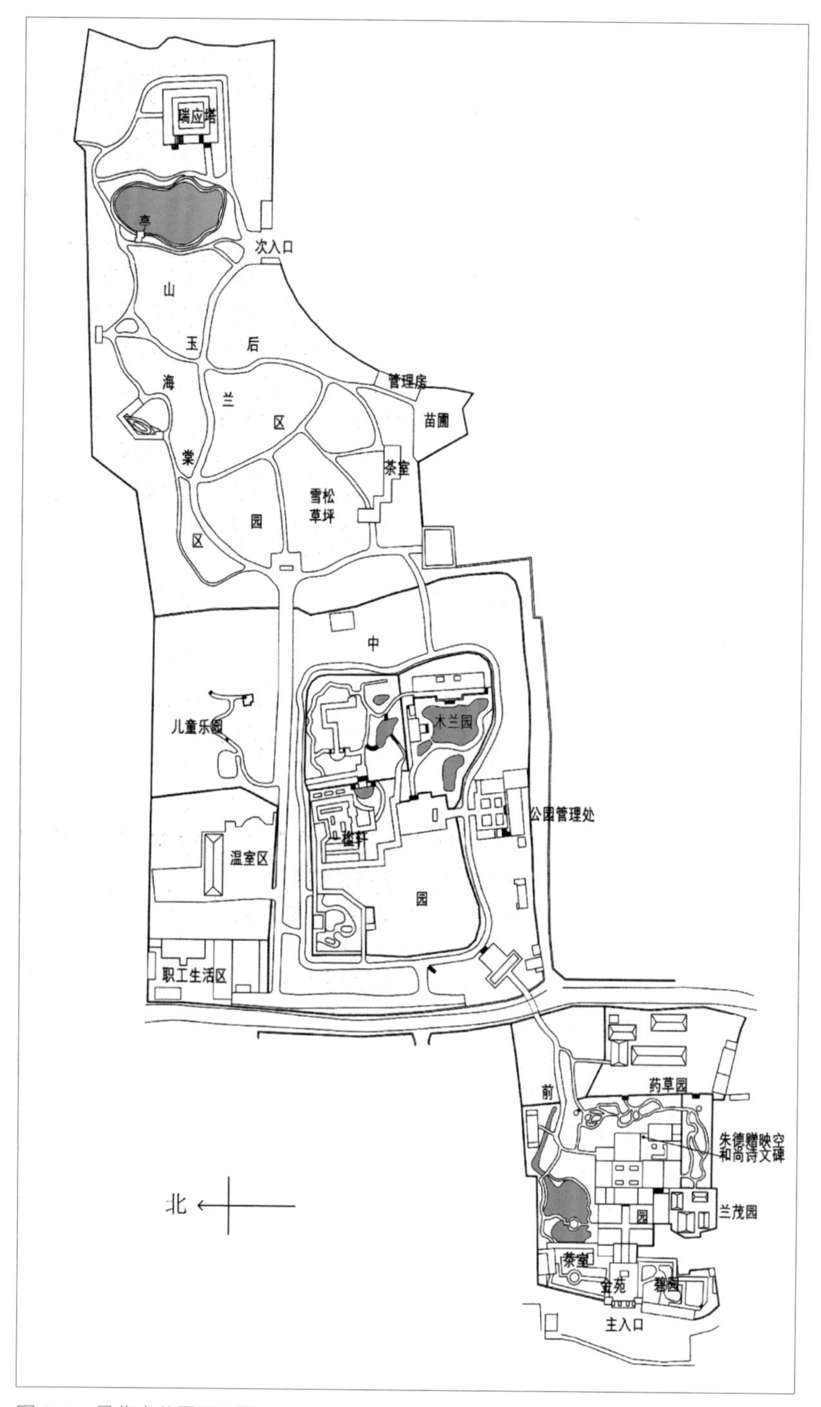

图 4-7　昙华寺公园平面图

前金汁河逶迤南流。据《昆明市志》记载："背依金马，崇岗千仞；面瞰春城，烟火万家；碧鸡玉案诸峰，遥卫环拱；金汁河水，蜿蜒从寺门前流过。"素有寺古、昙优、花奇、石异之誉，属省级重点文物保护单位。

昙华寺，又名昙华庵，创建于明崇祯七年（1634年）。这里原为明代著名学者施石桥先生的别墅，至其曾孙施泰维时改建为寺。该寺原草堂后院有一株优昙花树（图4–8），叶如菠萝而有九丝，花如芙蓉而开十二瓣，遇润则加一瓣。优昙被誉为"佛花"，所以以树创寺，名曰"昙华"。昙华寺创建后，多次遭毁重修，尤其是映空和尚继任主持后，更是把昙华寺建成了一个群芳荟萃、名花争奇的大花园。1922年，朱德同志对映空和尚培植花卉的技艺，尤其是培植兰花的绝招，十分敬佩，常到昙华寺赏花品茗，并与映空和尚结为知己，曾赠其诗文，映空和尚将诗文刻于石碑，以志纪念。[1]1950年，人民政府接管昙华寺，改为"昙华寺名胜区"。1981年5月，昙华寺改建为昙华寺公园，在修缮原有的殿宇之外，又建成了七个园中之园。

图4–8　昙花树

昙华寺分为前园、中园和后园，其中前园为昙华寺旧址，1982年和1994年分别开始规划建设中园和后园。前园和中园、后园之间被城市道路隔开，目前通过地下隧道相连接。与中园和后园相比，前园较小，但却最具特色，主要有前殿、中殿、大殿、金苑、碧园、映空

1　昆明市人民政府 . 昆明年鉴 . 北京：新华出版社，1990：326.

圆寂塔、兰茂文化苑、朱德园、古滇联苑等。中园主要有一槛轩、木兰园、牡丹园、雪松林、儿童乐园、盆景养护区等。后园主要有瑞应塔、木瓜花园、山玉兰区、雪松草坪等。前园是典型的中国古典园林，而中园和后园则融入了更多城市公园的元素，使整个昙华寺更能满足城市公园的功能需要。[1]

前园　昙华寺公园前园（图4–9）是老寺院位置，占地面积1.2公顷，前临金汁河。山门为四墩三门牌坊式建筑，琉璃戗角宝顶屋面，两侧为封闭景窗红墙。山门前有一个1766平方米的广场，金汁河边筑80米长的石栏杆。正对院门，原观音殿、祖堂和藏经楼三重建筑在一条中轴线上。殿前殿后形成4个庭院。原观音殿为三开间琉璃大屋顶歇山式建筑，正面悬“昙华寺”匾。庭院北面为“金苑”，南面为“碧园”，两园回廊水榭，小桥莲池，庭院深深，各具特色。原祖堂重建后辟为花鸟院。殿柱上悬挂清康熙年间书法家许宏勋的一副草书联：“白日寒林丝管静，青霄野竹寺门低。”

图4–9　昙华寺公园前园平面图

兰茂园　相传明洪武年间著名学者兰茂（1397—1470年）曾在昙华寺一带为百姓治病，并在草堂种过枇杷树，为此在原办公室与温室处辟兰茂园。兰茂是明初著名的音韵学家、医药学家，著作有《韵略易通》《滇南本草》等。兰茂园于1999年元旦竣工，园内有兰茂先生半身塑像。回廊墙壁上镶嵌石刻兰茂诗词、音律及药理著述。原藏经楼高踞平台之上，曾改称“大义厅”，现辟为罗汉堂（图4–10）。园中南北厢房对称，辟为工艺美术服务部。

1　黄贞珍，魏雯，李哲惠．滇派园林中的植物文化——以昆明市昙华寺公园为例．园林，2017（06）．

朱德赠映空和尚诗文碑及其他　罗汉堂南面小院，辟为名碑陈列院，竖有清康熙年间云南巡抚王继文的行草字书法碑，曾多次修葺昙华寺的纪事碑及朱德陈列馆，馆内藏有“朱德赠映空和尚诗文碑”（图 4–11）。朱德在云南时，昙华寺住持映空和尚过着“与野鸟为朋，结孤云为伴”的恬静生活，以花养寺。寺院“花木亭亭，四时不谢”的环境，映空“词严义正，一尘不染”的品质，令朱德十分倾慕，尤其是映空爱兰的美德和养兰的技艺，令朱德钦佩。1922 年初春，朱德写了一篇诗文赠予映空，映空当即将诗文刻上石碑，以志纪念。这篇诗文反映了朱德同志从民主革命者转变为共产主义者前夕的真实思想状况。罗汉堂北面小院，植有原施石桥草堂内的优昙树，主干已于明末枯死，清初又从根部重新萌发新枝，树龄已有三百多岁。兰茂园向东，新建百草园，植有各种珍奇药物花草。园东北角，层层红砂石叠砌成“瑞应洞天”石景，由此连通中院和后院。

木兰园　原为树木苗圃，占地面积 3.4 公顷，1984—1989 年扩建为昙华寺中园，整个院落由几个小庭园组成。由“瑞应洞天”开凿隧道，下穿公路，使两院连通。隧道出口处是绿色琉璃瓦屋面歇山式阁厅，中院辟有古滇联苑、木兰园、花廊水池等独成院落的景点，其中古滇联苑荟萃了云南历代名人的佳联巧对。

木兰园内，碧水涟漪，莲池内放养着各种鱼类，供游人观赏，并辟有钱南园纪念碑廊。钱南园先生是清代乾隆时期的监察御史、著名书画家，相传为考察大河水患，曾到过昙华寺。

木兰园北面有重檐四角亭、双方亭、花廊、亭台、水榭，由曲廊

图 4–10　罗汉堂庭院图

图 4–11　朱德赠映空和尚诗文碑

相互连通，与树木、草坪、花卉融为一体，浑然天成，颇有江南园林风韵。雪松林中竖有大爨碑（复制品，原碑在陆良县城）。

瑞应塔（图 4–12）　占地面积 3.4 公顷，地势高踞中院、前院之上，辟有莲池、草坪园、瑞应塔、亭台、九龙茶碗等景点。在后院与中院的连接处，立有“瑞应胜境”巨石照壁，背面刻朱德赠映空和尚的诗文。越过照壁即草坪园，四周种植贴梗海棠（酸木瓜）、山玉兰、火把果等植物。后院的东端，瑞应塔矗立在一池碧水旁，于 1995 年动工兴建，1996 年 5 月竣工，塔高 48.8 米，为七层八角叠旋式观览塔。登上瑞应塔顶层东观金殿钟楼，西眺滇池西山，南观昆明城全景，北望瓯山蜿蜒，春城风貌尽收眼底。[1]

图 4–12　瑞应塔

三、昆明宝海公园

昆明宝海公园（图 4–13 和图 4–14）位于昆明城东南片区，与国贸中心毗邻，北临南过境路，东与东南接万兴、银海住宅花园，西至宝海路。其占地面积 250 亩，是昆明市规模较大的现代城市公园，于 1999 年 12 月建成开放。公园绿地率为 61.3%，种植成片的冬樱花和大面积四季常绿的草坪，大量运用香樟、杜鹃等乡土植物造景，形成“花枝不断四时春”的绿色环境。

历史上宝海公园是昆明城南一泓秀水的“王宝海”，随着城市的发展，这里成为地势低下的洼地、鱼塘，城市排污臭水河由南向北穿越洼地中间。现园东北角原为臭水排污河，现建成公园花圃，培植花卉；西北面临南过境干道立体公路，辟有公园次入口，设置卡丁车赛场及秋千、沙地、浅水池等儿童游乐场；园东临万兴花园处，设“婚纱摄

1　昆明市园林绿化局．昆明园林志．昆明：云南人民出版社，2002：118–119.

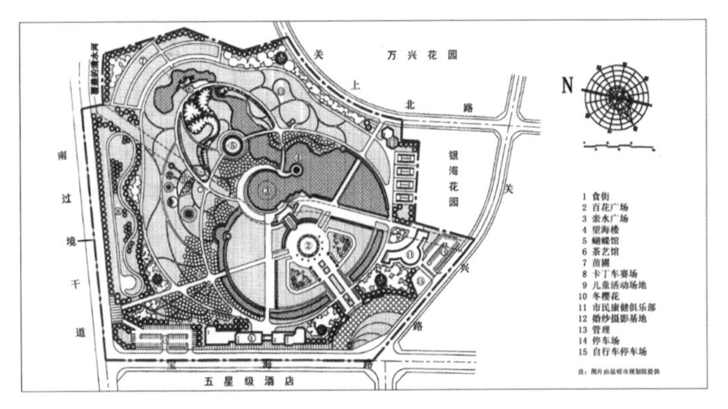

图 4–13　宝海公园总平面图

影基地”和游艇码头；公园大门东面，是宝海健身中心和公园管理处；园门外东面和次入口西面，设有 177 个车位的停车场；临宝海路建成小食街，经营昆明风味小吃。

经昆明市人民政府批准，决定在宝海公园建立应急避难场所，应急避难场所主要是发生地震、火灾、大面积煤气泄漏、爆炸等突发公共事件时，为受灾群众提供临时避险的场所。

图 4–14　宝海公园中心水景

应急避险场所主要有应急水井、应急厕所、应急物资储备站、应急指挥系统、应急供电系统、应急停机坪、应急医疗救护站、应急垃圾站以及应急标志牌等。宝海公园应急避难场所将成为永久性应急避难设施，本着平灾结合的原则，平时不改变公园休闲、娱乐和健身的功能，只有在重大事件发生时才启用避难场所，为居民提供临时避险场地。

四、昆明莲花池公园

莲花池公园位于昆明市五华区学府路与民院路交叉口处，圆通山西北面，商山下，池侧有水口，水满时流入盘龙江。莲花池又称“龙池”“冷泉”。据史料记载，莲花池源于唐代，到了明朝初年就是“滇阳六景”之一，有“龙池跃金”的美誉，清朝中后期莲花池又成为昆明八景之一的“商山樵唱”。现今所看到的莲花池公园是2008年重建的园林，总面积81.7亩，其中水面面积约40亩。

2008年9月经重建之后开园的莲花池公园（图4–15）被定位为历史文化名园，恢复了安阜新韵、五华聚秀、四面荷风、妆楼倒影、商山梦痕、虹廊烟柳、龙池跃金、冷泉印月等“龙池八景”。

安阜新韵 安阜园（图4–16）是莲花池公园的一个“园中园”，占地6.1亩。“安阜”是长久平安之意，同时也是园中“燕安堂”“虎阜堂”两座建筑的名字合称。据史料记载，明末清初，吴三桂选中此地，专门为其妃子陈圆圆兴修“安阜园”，因陈圆圆是江苏常州人，故其园造园取法“江南园林”。1681年，清军围攻昆明时，安阜园毁于战火。2008年在昆明市创建园林城市的背景下恢复重建了莲花池公园，安阜园中的主要建筑在原有园林遗址上，借鉴同时期或相近时期的建筑复原、修葺而成。除了修整了妆楼，还重建了燕安堂、虎阜堂、听雨榭、啰唝堂、座啸亭、澄怀亭等重要的建筑。在总体布局上，莲花池公园让市民亲历一种历史上的“仿江南水乡”特有的清秀风韵，“三山一水”这一古典园林堆山理水的精髓得到充分体现。

图4–15　莲花池公园平面图

安阜园借莲花池原有的湖面，辅以假山、亭榭、石桥、游鱼、莲花，巧妙营造出精致而不造作、小巧而不拥挤的园林景观。山石堆叠是安阜园体现江南园林，水乡韵味的重点，石头的堆叠采用掇石的方式，以太湖石为主要原料堆砌了纯石山。这些太湖石呈飞、挑、卧、立等各种形态，还配以特殊造

图 4–16　安阜园

型的观赏树。施工时，充分考虑与建筑之间的高差关系，山形高低错落，前后呼应。

五华聚秀　该景观位于公园东北角的广场一侧，林木茂盛，各色鲜花四季常开，格外秀美。寓意莲花池公园所在地昆明市五华区美好的今天和锦绣前程。崖壁上建有一亭，取名揽秀亭（图 4–17）。

四面荷风　该景观（图 4–18）是一处叫“四面荷风”的高亭立于水面之上，高亭四面环水，夏日时四周荷叶衬托，充满诗情画意。亭台内部穹顶上的莲花，鲜艳醒目。

妆楼倒影　妆楼（图 4–19）是安阜园前保留的老建筑，曾经是

图 4–17　揽秀亭

图 4–18　四面荷风

陈圆圆的梳妆楼，记录了陈圆圆一段充满了传奇色彩的历史。妆楼正面楹联“商山葬玉分三尺；过客寻香泣数行”选自著名学者袁嘉谷的《和吴梅村圆圆曲》长诗，这两句诗也道尽今人对陈圆圆人生遭遇的感慨。

商山梦痕　莲花池靠近商山。据史料记载，商山是元代的昆明八景之一——商山攒穹。商山樵唱又是清代昆明八景之一，而梦痕则是与池畔置永历旧事景点相联系。明朝末代皇帝朱由榔（永历帝）被吴三桂残忍绞杀后，草草埋葬于莲花池西侧，现今置一尊就塌而卧的永历帝青铜塑像（图 4–20）。

图 4–19　妆楼

图 4–20　永历帝朱由榔像

虹廊烟柳　长廊是公园内深入湖水中的湖畔长廊，名叫虹廊（图 4–21）。昆明的山脉之一的长虫山北走蜿蜒，其蜿蜒曲折的延伸与虹廊曲径通幽的体态有相近之处。

龙池跃金　龙池跃金指的就是莲花池湖水。明代洪武年间，日裔僧人机先被谪来滇（1384 年以后），眷恋昆明山水，在游览中借景抒情，吟唱了《滇阳六景》，“行逢柳色烟深处，坐看桃花水涨时。映日金鳞鸣拨刺，含风翠浪动沦漪。”就是描绘的滇阳六景之一的龙池跃金。现今入口处置一“龙池跃金”的牌坊（图 4–22）。

图 4–21　虹廊

图 4–22　龙池跃金牌坊

冷泉印月　该景观位于今荷风岛与长廊之间的水域。据史料记载，莲花池北有冷泉，汇集为池，池中还有5个泉眼，清泉涌流，碧波荡漾，长年不涸，侧有水口，溢水流淌。

五、昭阳望海楼公园

望海楼公园（图4–23）又称“望海楼”，依托恩波楼建于昭通市区凤凰山麓，恩波楼始建于清乾隆二十五年（1760年），由恩安县知县沈生遴建。当时此地一片汪洋，楼的四周叠浪涌碧。云南总督爱星阿游览登楼，见沿闸柳树映日摇风，楼下水光滟滟，叠浪摇天，凤凰山和楼阁倒影参差，有蜃楼海市之风，遂更名并题额“恩波楼”，意为皇恩浩荡。咸丰年间，此楼被一场大火毁坏；光绪末杨履恒募巨资重建，并在楼前增设屋宅、回廊、亭子、花木，蔚为清秀。2010年望海楼公园正式建成，对恩波楼重新修缮，并建立人工湖。整个公园成为昭通市的一大亮点。

在清代任职昭通的府县官员中，沈生遴是一位让人怀念的县太爷。《昭通志稿》记载：“乾隆二十一年知恩安县事。兴修闸坝，讲求水利，又亲定蓄放条规，民遵行。昭通田亩之获水利，公之力为最多也。

图4–23　望海楼公园

四乡均有俾，纪其政声。”非溢美之词，两百余年后的今天，昭鲁坝子的芸芸众生仍或多或少地享受着沈知县的余荫。自乾隆十九年起，昭通连续几年大旱，农桑不兴，民生艰难。沈生遴便上山下乡，走访老农老圃，现场踏勘，寻求缓解旱情、改善农业灌溉的办法。翌年，一项工程付诸实施并顺利竣工：在龙洞增建一座“广储闸”，在横贯昭通坝子的利济河上修了十八座闸坝，合理分配水源，调节丰歉，完善渠系，提高灌溉效益。

留余闸 在十八道闸坝中有一道留余闸，渠道网络十余里，埂长一百四十丈，“为附郭众流所归，一郡之关锁”。因其地位至关重要，设专人管理，培修堤埂，植树保护，为“障蔽南方火星”，据堪舆、风水家言，又在闸埂上建了一座楼。楼不高，三层，气势也并不十分巍峨，但四周有山、有水、有长堤柳烟、有万亩田畴，相映生辉，便也有了卓然大观的胜景。岁月如歌，二百多年前“胜景”到底如何？当代人只能不无遗憾地到书中去领略。《昭通志稿》记载：“平畴万顷，映日疏风，水光潋滟”，故名“望海楼”。后来，云南总督爱星阿到了昭通，也去看了留余闸、望海楼，这位大人一心要巴结皇上，便把望海楼改成“恩波楼”。意思很明白：圣皇天子，恩泽四海。这留余闸、这望海楼，能不铭刻圣皇天子的恩泽，垂之久远？改是改了，匾额也换了，也写到了书上，可老百姓不接受，两百多年来只认一个望海楼。清嘉庆时享誉云南诗坛的魏定一以《柳闸含烟》为题，留下了一首七律，诗云：“凤凰山下沛恩波，春煦秋荫变态多。翠水盈盈摇古柳，香风习习长嘉禾。楼如海市烟千缕，渚傍渔舟雨一蓑。有客乐山兼乐水，时时树底听讴歌。”咸丰年间，望海楼毁于兵燹。

光绪二十九年（1903年），邑绅杨履乾以望海楼是昭通风物胜景、前贤遗韵，正可重兴后世、教化风欲为由，倡议重建。知府张赓、邑商李耀庭、翰林谢履庄等支持，筹资重建，并在楼前增设屋宇，添置回廊，护以围墙，楼前东西两桥上修盖亭子，四周培植花木。望海楼重以山色清幽、花木成荫、小桥流水、蔚然深秀的面貌示人。楼门题写楹联：“万千气象满垌野；杨柳楼台接凤凰。”谢文翘以《恩波蜃影》

为题，写了一首五律，云："空蒙含蜃气，烟雨此登临。倒影飞甍漾，微波落涨深。梅黄宜倚笛，稻绿喜穿针。嗣茸欣同志，清樽我尚任。"又题一长联，云："蜃影漾清波，暇日选胜登临，右看凤翥，左拂稻香，风景足流连，万户黎元欣乐岁；乌蒙征轶事，斯楼沿时隆替，载咏翚飞，重赓矢棘，规范艰缔造，一家甥舅溯良缘。""恩波蜃影"被列入"昭通八景"，风光一时。

望海楼　乾隆二十五年（1760 年）始建望海楼，沈生遴所撰《恩安添建蓄水闸坝碑记》记述了恩安县建置后兴修水利和垦殖的情况，有重要的文献价值，可惜有一半缺失。光绪年间重建望海楼，知府张赓的《重修恩波楼碑记》和谢履庄的《恩波楼续记》记述了修建经过，阐述以风物寓教化、保存历史文物并光大其昌的观点，今天读来，仍不无教益。张赓在碑记中说："古豪杰慷慨负奇气而或不见许于当时者，士君子文章负盛名而或无表见于后世者，盖名者，实之宾，为天所珍惜而为人之所难得。自古名即尽人所图顾，中传或不传者，则有不幸也。今兹楼之见重于昭也，岂非以其人哉……然则是楼也，非独壮出泽之观，将以振起斯人之志气，且使继沈君而至者，萧规曹随而勿堕其旧也，则斯楼所系于昭，非浅鲜……"谢履庄在续记中也有一段警示世人的文字："今诸君子之作斯楼，经营惨淡，不遗余力，一任毁誉之交乘，卒能不怨惮劳以蒇厥事，所谓有志者事竟成者，非耶。余尤愿后之贤父母，以夫吾郡之有心于桑梓者，善继前征，恢张而倍护之，俾斯楼之兴，永永无替。则吾郡文物之番盛，气象之光昌，必有日上蒸蒸者……"

望海楼不但是昭通的风物胜景，也是中共昭通地下党早期革命活动的纪念地。1929 年初，受中共云南省工委的委派，省工委委员到昭通传达省工委《加强农村工作的指示》，传达会议就在望海楼内举行。此后，中共昭通地下党的同志常以郊游为名，到望海楼进行工作联系。正是"一楼阅百年风雨，古郡写千秋华章"。

云南典型城市园林见表 4-1。

表 4-1　云南典型的城市园林汇总表

园林名称	地区	历史沿革	景观特征
翠湖公园	昆明市	元朝以前是滇池中的一个湖湾，后因水位下降而形成城市内湖。明朝起筑亭建楼，因垂柳和碧水呼应，故 20 世纪初定名为“翠湖”。纵贯公园南北的阮堤（1834 年建），直通东西的唐堤（1919 年建），将公园划为 5 个片区；自 1985 年始，每年冬季都有大量海鸥从西伯利亚飞到昆明过冬，其中就有一部分在翠湖栖息	春柳夏荷，享“城中碧玉”之名
宝海公园	昆明市	昆明宝海公园位于昆明城东南片区，与国贸中心毗邻，北临南过境路，东与东南接万兴、银海住宅花园，西面至宝海路。公园绿地率为 61.3%，其占地面积 250 亩，是昆明市规模较大的现代城市公园，于 1999 年 12 月建成开放，栽植杜鹃、香樟、冬樱花等乡土树种	“花枝不断四时春”
昙华寺公园	昆明市	明朝光禄大夫施巨桥始建草堂别墅，其后人捐园建寺。因优昙树而得寺名，清道光年间重修。1981 年，扩建为仿江南古典园林的公园，1996 年建瑞应塔	牡丹优昙，名花佳木，瑞应胜景
莲花池公园	昆明市	莲花池源于唐代，明朝初年为“滇阳六景”有“龙池跃金”的美誉，清代又以“商山樵唱”为昆明八景。莲花池公园于 2008 年重建，总面积 81.7 亩，其中水面面积约 40 亩	以“典故题景”；展“水乡清韵”
望海楼公园	昭通市	始建于 1760 年，位于南郊凤凰山西麓；中共昭通地下党革命活动的纪念地（1929 年）；2010 年修缮，新“昭阳八景”之一	展现“恩波蜃影”之景

注：根据《昆明园林志》、各地州地方志、年鉴等资料整理而成。

第二节　城市私家园林

私家园林一般规模较小，只有几亩至十几亩，小者仅一亩半亩而已；大多以水面为中心，四周散布建筑，构成一个景点或几个景点；以修身养性、闲适自娱为主要功能；园主多是文人学士出身，能诗会画，清高风雅，淡素脱俗。现代保存下来的园林大多属于明清时期，这些园林充分体现了古代汉族园林建筑的独特风格和高超的造园艺术。私家园林是城市园林的重要组成部分，随着历史的变迁，这些私家园林逐渐对市民免费开放，成为人们日常休闲娱乐、赏景游览的公共园林。

云南的私家园林，如安宁的楠园，建水的朱家花园、张家花园，昭通的龙氏家祠等皆是从私家园林转向公共园林的案例，在城市生活中扮演着越来越重要的角色。

一、安宁楠园

楠园（图 4–24）位于昆明市西南方向 32 千米的安宁市百花山公园内，是国内严格按照古典造园法则建造的古典园林。整座楠园的立意构思、总体设计及山水造景均由陈从周先生主持，于 1989 年秋始建，1991 年底竣工。楠园占地面积 10 亩，建筑面积 1045 平方米，水面面积 1898 平方米，园林绿化用地 3411 平方米，游览步道 313 平方米；因园中建筑物的梁柱等构件、装修、匾额及家具全部采用云南当地出产的上等楠木，又植楠为林，故称“楠园”。陈从周先生自评：“纽约的明轩是有所新意的模仿，豫园东部是有所寓意的续笔，而安宁的楠园则是平地起家、独自设计的，是我国园林的具体体现。”陈从周

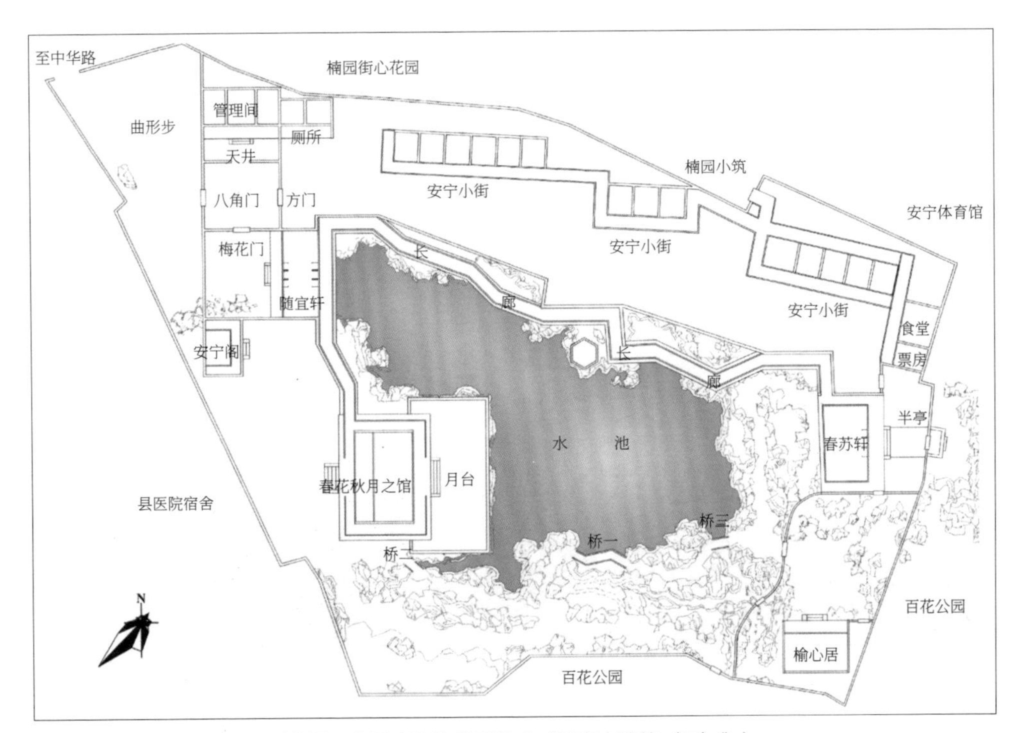

图 4–24　安宁楠园平面图（来源：中国古建筑系列丛书《云南古建筑（下）》）

先生说：“中国园林是由建筑、山水、花木等组合而成的一件综合性艺术品。”这得到了学术界的认同。

楠园虽小，却淋漓尽致地体现了苏州园林的精巧雅致。其大大小小分为 7 或 8 个院落，建筑位置、形体疏密有致、不相雷同，造型与组合轻巧玲珑，布置方式以山池为中心，因地制宜、灵活变化。园林多处所建亭、轩、馆、楼阁等，亦表现出苏州园林的建筑风格，并请百岁老人苏局仙、昆曲泰斗俞振飞和名人顾廷龙等为厅、阁、亭、廊题额：春苏轩、春廊、楠亭、通宜、春花秋月馆、小山湖水馆、安宁阁、春润亭、怡心居等。[1]

山 在古典园林中，石是园之“骨”，也是山之“骨”。石不但是山的组成部分，也是山的表征、山的象征物。一片石也有可能就是一座山峰。陈从周先生在《说园》中写道：“石清得阴柔之妙，石顽得阳刚之健，浑朴之石，其状在拙；奇突之峰，其态在变，而丑石在诸品中尤为难得……”楠园湖中立一巨石，称“音谷”，取王维诗“清泉石上流”之意境，奇在造型奇异、色彩花纹丰富，妙在自然天成，独石即成景。

楠园的假山（图 4–25）与东吴小筑的假山相似，不过该假山下面是个山洞。陈从周先生在《说园》中写道：“假假真真，真真假假。假山的堆叠既是技术，更是艺术，它不仅仅是把石块罗列堆叠形成假山，而且讲究审美情趣、审美效果，给人以美的享受。”“重峦叠嶂”一词，写出了楠园假山在玲珑小巧的园林中，从平地突兀而起，层层

(1)

(2)

图 4–25 假山

1 张翠芝，陈坚．安宁楠园的文化艺术特色浅析．决策与信息，2016，（3）：2.

叠卷的景象，设计师遵循概括、提炼的原则，借助造石的技法表现峰峦、绝壁、山洞、山涧等山峦形态，力求表现自然山峦的神态和意蕴。假山堆叠得不琐碎，富于变化而又浑然一体，雄伟中有秀润之气，峭拔之致。不仅山、石可独自成景，在粉墙上镶嵌山石也体现了楠园造园艺术的一大特色。“峭壁山者，靠壁理也。藉以粉壁为纸，以石为绘也。理者相石皴纹，仿古人笔意，植黄山松柏、古梅、美竹，收之圆窗，宛然镜游也”。

水（图4–26）　园林中，水是最富有生气的元素，园内水随山转，山因水活。自然式园林以表现静态的水景为主，以表现水面平静如镜或烟波浩渺的寂静深远的境界取胜。人们或观赏山水景物在水中的倒影，或观赏水中怡然自得的游鱼，或观赏水中莲，或观赏水中倒映的皎洁的明月……池中有自然的肌头、矶口，以表现经人工美化的自然美景。正因为如此，园林一定要省池引水。[1] 楠园采用古代园林理水之法：

掩：以春花秋月馆和春廊、假山掩映曲折的池岸。水犹似自其下流出，造成池水无边的视觉印象。

隔：楠园中或架曲折石板小桥，或隔水净廊可渡，或涉水点上汀步，增添了空间层次和景深，使水面有幽深感。

破：楠园中心景池，乱石为岸，怪石纵横，并植配以细竹野藤、朱鱼翠藻，似有深邃山野风致。从图4–26中我们可以看出，水景出口的处理很合理，仿佛让人看不到尽头，给人以一定的遐想空间。

(1)

(2)

图4–26　水景

1　薄凌风．杨大禹．焦平．楠园造园的物质性建构要素之美．昆明冶金高等专科学校学报，2009（05）：58–62.

植物（图 4–27）　楠园中种植有桂花、玉兰、海棠、樱花、红枫、云南黄素馨、毛叶杜鹃、南天竹、芭蕉、柳树、紫薇、叶子花、腊梅、山茶、苏铁、五针松、罗汉竹、鹅掌柴等，每种植物都有着相应的寓意。如玉兰在园林中常与海棠、牡丹、桂花相配置，形成“玉棠富贵”的吉祥意境。由于芭蕉叶大，尽可蕉窗听雨，聆听天籁。计成曾形容“夜雨芭蕉，似杂鲛人之泣声”。粉红色的樱花于冬季开放，可谓万绿丛中一点红。假山上的叶子花也是如此，桃红色的花攀爬在看似无生机的假山上，为假山增添了一丝活力。

细品楠园的植物，你会发现，均为土生土长。陈从周先生在《说园》中写道：“我总觉得一个地方的园林应该有那个地方的植物特色，并且土生土长的树木存活率大，成长得快。它与植物园有别，是以观赏为主而非以种多斗奇……”。他认为种植本土植物的成活率高，成长得快，几年可茂然成林。楠园内外，植竹颇多，这正是陈先生的匠心独运之处。他说，表面看竹子四季如一，其实变化多端，春夏秋冬，其竹竿颜色不同，落叶多少各异，生长速度相差，竹子是最能反映四季不同的。植物对园林山石景观起衬托作用，又往往与园主追求的精神境界有关。陈从周先生在《说园》中写道：“中国园林的树木栽植，不仅为了绿化，且要具有画意。窗外花墙一角，即折枝尺幅：山间古书三五，幽篁一丛，乃模拟枯树竹石木图。”意思是说植物的种植要能“入画”。

楠园对花木的选择标准，一讲姿美，树冠的形态、树枝的疏密曲直、树皮的质感、树叶的形状，都追求自然优美；二讲色美，树叶、树干、花都要求有各种自然的色彩美，如红色的枫叶、青翠的竹叶等；

(1)

(2)

图 4–27　植物

三讲味香，要求自然淡雅和清幽。尽管现在有些植物的造型不是很美，但是从配置上看，还是很有古典园林的韵味。

建筑　春花秋月馆（图 4–28）是位于园中院落的水阁建筑，也是楠园主要的建筑。春花秋月馆馆前有较宽敞的月台。所谓“厅前平台，可以望月”，如果从池塘对面的长廊远眺，可见池中倒影，波光潋滟，实中见虚，恍如琼楼玉宇。春花秋月馆屋身的正面与后面两面开敞，两侧是墙体，屋顶为歇山卷棚式，即由前后向的两个大屋面和左右向的两个小屋面组成，两个坡面相交处形成弧形曲面，没有明显屋脊，其线形表现出柔和秀婉、轻快流畅的艺术风格美。屋顶的反宇翼角，简洁轻灵，更是体现出了中国古典建筑结构形式的审美特色。

(1)

(2)

图 4–28　春花秋月馆

曲廊（图 4–29）　是园林中最重要、最必不可少的曲径。计成在《园冶》一书中重点强调过，他一说：“房廊蜿蜒”；二说，“廊者……宜曲、宜长则胜”；三说，“廊基……蹑山腰，落水面，任高低睦折，自然断续蜿蜒。园林中不可斯一断境界。”这是对江南园林的理论概括，也是为中国古典游廊建筑提出的美学准则。楠园春廊与网师园射鸭廊形制相似。这条水廊依墙而建，与假山隔湖相望，既有左转右折之曲，又有高低起伏之曲，而且二者有和谐的结合。廊的前部起伏平缓自然，后段则有明显的幅度。成公绥在《隶书体》中说：“轻拂徐振，缓按急挑。挽横引纵，左牵右绕。长波郁拂，微势飘渺……俯而察之，漂若清风厉水。”用来赞颂春廊，是十分合适的。春廊中部拐角处建有一亭，名曰“楠亭”。廊与亭这两种游览性建筑相互衔接，互为补充，供人游行和休息。

图 4–29 楠园曲廊

现有园内建筑保存完善，中心建筑“春风秋月馆”作为整个园区的管理部及老年人活动中心；而楠园东入口的“春苏轩”变成了一家酒肆，对外出售各种酿制酒品。

楠园从私家园林变为公共开放园林，其空间性质上有了根本性改变；建筑空间上的功能也进行了改变。云南传统意义上优秀的私家园林不多，与苏州园林相比更是少得可怜，但越来越多的封闭的、半开放的园林正在逐步开放，例如翠湖公园、楠园等，使得云南园林从性质上、服务对象上、功能上得到了改变。

二、建水朱家花园

建水朱家花园（图 4–30）位于红河哈尼族彝族自治州建水古城的建新街中段，建于清朝光绪末年，为富绅朱渭卿兄弟的家宅和宗祠，占地 2 万多平方米，建筑占地 5000 多平方米，建筑空间格局呈“三横四纵”，为建水典型的“三间六耳三间厅，一大天井附四小天井”的传统住宅形式并列联排组合而成的建筑群体，共计有大小天井 42 个。房舍格局井然有序，院落层出迭进，空间景观层次丰富且变化无穷，每个院落由巷道连接，各个院落均有点缀其间的精巧花台。

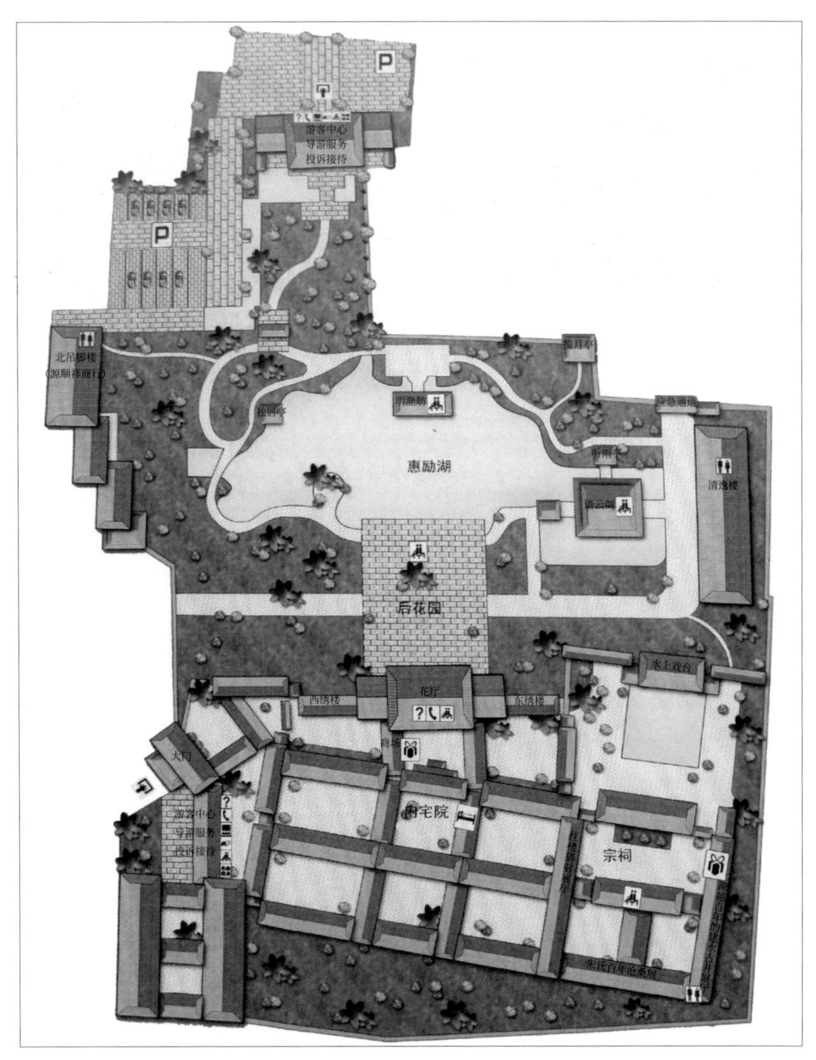

图 4–30　建水朱家花园平面图

花园坐南朝北，入口为垂花大门（图 4–31），为三间三楼歇山屋顶，前有檐廊。门头上方优雅精美的檐枋分别雕镂出富有寓意的图案：第一层檐枋上透雕出几尾游鱼和两条金龙，寓意为“鱼跃龙门”；第二层檐枋上镂出朝阳和四只喜鹊，寓意为“四喜临门”与“蒸蒸日上”；第三层檐枋上镌刻着佛手、桃梨、香炉、宝瓶等物，象征着“福禄寿”。大门沿街左侧的十三间“吊脚楼”与后面两院的“跑马转角楼”相连。

宅院东面是宗祠，后为内院。宗祠也是一套三进院落，前有一方小水池，称“小鹅湖”（图 4–32）。水池石栏望柱上刻有 24 幅诗词

图 4–31　朱家花园大门

图 4–32　小鹅湖水上戏台

书画和浮雕。小鹅湖旁建有水榭，水榭实际上是一座精工建构、玲珑奇巧的水上戏台。隔水池建有华堂，廊檐宽敞，作为观戏看台。华堂后面是家族的议事厅。

花园的正前方为三大间花厅，花厅前为花园，透空花墙，左右对峙。花墙的左右两侧为绣楼，自然分隔为东园、西园。花园正前方有荷池、树丛、苗圃，花圃散布其间。

朱家花园是一座典型的滇南私家园林和祠宅，其格局内雅外秀、精美高雅，形制规整而井然有序，庭院厅堂布置灵活多变，院落层出迭进，空间层次丰富，景观环境清幽、变化无穷。其规模之大在国内实属罕见，充分体现了内地文化与边疆地方的相互结合与应用，具有较高的建筑艺术价值。

三、建水张家花园

建水张家花园（图 4–33 和图 4–34）位于红河哈尼族彝族自治州建水城西 13 千米的团山村，建造于清朝光绪末年，系张氏兄弟的私人住宅，占地面积约 3500 平方米，建筑占地面积约 2950 平方米。建筑平面布局基本为云南传统民居中“三坊一照壁”和“四合五天井”的平面形式，纵向和横向并列联排组合成两组三进院和一组花园祠堂。目前共有大小房屋 30 幢，房间 119 间，大小天井 21 个，构成了变化丰富的建筑空间形态。

张家花园是一座封闭的宅园，大门在整幢花园建筑的最右侧，走

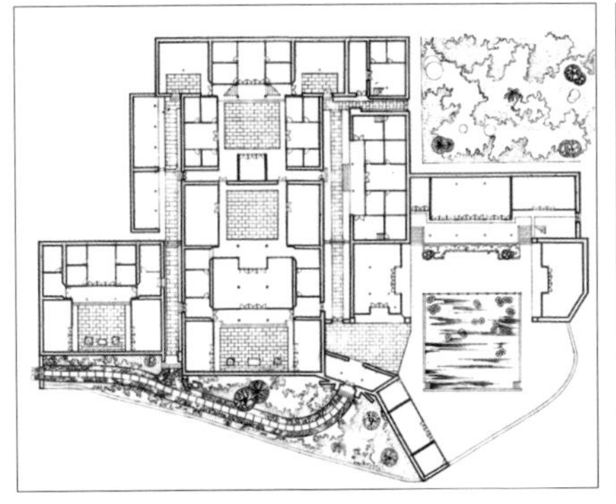
图 4-33　建水张家花园平面布置图

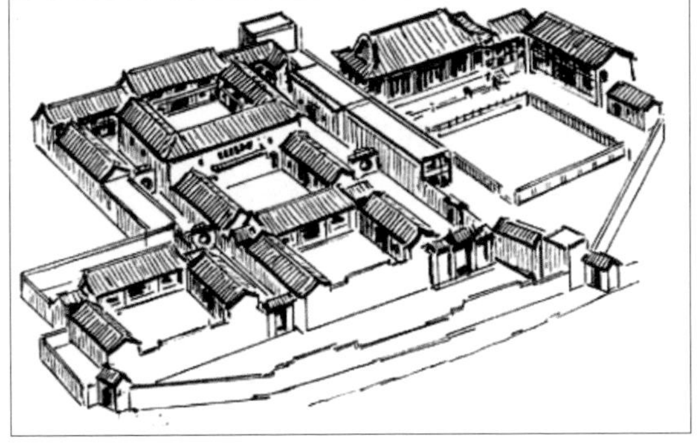
图 4-34　建水张家花园鸟瞰图

出大门便是村道。进入大门，经过第一组四合院侧院院门后才能看到张家花园的正院大门，正院大门为三开间，左右开间呈八字墙。正院大门内是一个较开阔的天井，天井右侧有两进门甬道，甬道连通前、中、后三个大院，甬道尽头向右转变为一封顶小甬道，出小甬道为张家花园后门。

正院前庭为三坊一照壁的合院，照壁前设一青石鱼缸。合院内铺青石板，置有花台。正堂的六扇门是张家花园木雕艺术的精华部分，门的上部采用透雕手法。

穿过前庭是中庭院，中庭两侧为厢房，是招待和留宿客人的地方。院内设青石鱼缸，中庭院的建筑梁柱、门窗亦有精巧雕刻。后院为云南常见的“四合五天井，跑马转角楼”的四合院，正房与侧楼相连，为跑马转角楼，是张家主人及其家人的居住地。正院三进院靠大门处还有一侧院，侧院和正院均并列坐西向东，为三坊一照壁的四合院。正院正厅堂小天井有一侧门可进入侧院，张家花园正院、侧院以及花厅戏台都可连通，不出大门即可在内部自由穿梭。

正院大门天井的左侧是花园祠堂，其设置与其他合院有所不同。花园祠堂部分为一进的宽敞庭院，正房是五开间的卷棚祠堂建筑，檐廊宽敞的祠堂就坐落在 2 米多高的台基之上，威严而尊贵。两层三开间的绣楼厢房侧立两旁，绣楼采用宽敞通透的挑廊与祠堂敞廊相呼应。祠堂前方有一方宽阔水池，水池边以石栏围护。此院内广植花草树木，一派生机盎然的景象。

张家花园布局巧妙，建筑灵巧，雕刻工艺精湛，庭园别致清幽，当地文化特色浓郁，极具建水民居宅园特点，在整个团山村古民居建筑群中最具代表性和独特性。

四、昭阳龙氏祠堂

昭阳龙氏祠堂（图 4–35）位于昭通城南 10 千米的簸箕湾村，始建于 1930 年，竣工于 1942 年，城墙内占地 26 亩，系民国时期云南省政府主席龙云祭祖的家祠。龙氏家祠主体包括祠堂和宅院两大建筑群，并有门楼、粮仓、月牙池、花园、碉楼、网球场、城墙、护城河等附属设施，蕴含着丰富的历史信息，有较高的历史价值、科学价值和艺术价值。2013 年，昭阳龙氏祠堂被列为全国重点文物保护单位。

龙云任云南省政府主席前，龙老太君已驾鹤西去，1928 年底，龙云为告慰母亲的在天之灵，先将其灵柩迁葬于昭通簸箕湾小松山正北边，1930 年在回龙湾选址建家祠。龙云修造龙氏家祠的目的是通过对“义”和“孝”的诠释，唤起家族的荣誉感、归属感和民族自豪感，使家祠成为家族的精神家园。

龙氏家祠由龙云的胞妹龙志桢负责修建，祠堂于 1933 年完工。1935 年宅院及附属工程因龙志桢病故停建，1938 年龙云派次子龙绳祖和时任云南省昭宣师管区副司令的陈纯初继续主持修建，于 1942 年全部完工。

1943 年 5 月，龙云携全家回昭通祭祖，受到昭通社会各界的热烈欢迎。龙云以“彝族弑牛”的最高礼节，祭拜了龙氏列祖列宗，尔后携全家来到小松山为母亲扫墓。龙云回到昭通的时间并不长，住在龙氏家祠的几天时间里，接待了昭通市的政府要员、亲朋好友和乡绅代

图 4–35　昭阳龙氏家祠

表，龙云在家祠里发表了两个多小时的演说，畅谈了抗日救国主张。

祠堂是龙云家族祭祀和举行重大活动的专用场所，由三进院落构成四合六天井，包括照壁、卷门、过厅、两厢和正殿。过厅前雕有“五龙捧圣”石刻，正中悬挂陈荣昌书“龙氏家祠”；正殿单檐歇山式，覆琉璃瓦，屋脊饰二龙戏宝，殿前石砌月台，饰栏板望柱，置有蒋中正书“封鲊丸熊”等匾额和章太炎等人题写的楹联，殿内供龙云祖先牌位。

宅院，为传统的四合五天井建筑，包括正房、倒座、两厢及东、西两角碉楼。整个建筑气势恢宏，构件中柱、础、槅扇、雀替、挂落等或镂雕人物故事、瑞兽芝草、博古图案，或彩绘云龙、珍禽、小景，反映了当时云南在木作、石雕、绘画等方面精湛的艺术水平。

云南典型私家园林见表 4–2。

表 4–2　云南典型私家园林汇总表

园林名称	地区	历史沿革	景观特征
楠园	安宁	1991 年，安宁“楠园”竣工。我国著名古建筑园林艺术家陈从周先生设计自评：“纽约的明轩是有所新意的模仿，豫园东部是有所寓意的续笔，而安宁的楠园则是平地起家，独自设计的，是我的园林理论的具体体现”。全园因建筑主材与种植多为“楠木”而得名	传园林艺术精髓，造当代精品
朱家花园	建水	建造于清朝光绪末年，为富绅朱渭卿兄弟的家宅和宗祠。占地 2 万多平方米。建筑空间格局呈“三横四纵”的布置，为建水典型的“三间六耳三间厅附后山耳”、“一大天井四小天井”的传统住宅形式并列联排组合而成的建筑群体，共计有大小天井 42 个	沿“朱子家训”，筑“民居建筑”大观
张家花园	建水	位于西庄镇团山村中，建造于清光绪 31 年（1905 年）。为张汉庭的私人住宅，占地面积约 1 万多平方米。现存大小房屋 30 幢，房间 119 间，大小天井 21 个，构成了变化丰富的建筑空间形态	“四合五天井”庭院组合祠堂花园
龙氏祠堂	昭通	始建于 1933 年，系云南省主席龙云为祭祖修建的祠堂。祠堂坐南向北，将宅院、碉楼和园墙融入了中西方建筑风格。云南近代祠堂和宅邸建筑的范例，2013 年被列为全国文物保护单位	中西合璧，民族特色，见证历史

注：根据《昆明园林志》、各地州地方志、年鉴等资料整理而成。

第三节　民族大观园林

多民族元素融合是云南园林的特色之一，云南城市园林中不乏展示民族特色的园林，如云南民族村集中展示了25个少数民族的村寨文化，而各地州园林中又有展示当地民族风情特色的园林，如德宏傣族景颇族自治州、西双版纳傣族自治州等地的傣族园林，大理白族自治州的白族民居，迪庆州的藏族园林，文山州的壮族园林等，均体现了云南民族多样性、园林多样性的特点。

一、云南民族村

云南民族村（图4–36）是一个新兴的人文景观旅游区，位于风景秀丽的滇池北岸、昆明滇池国家旅游度假区内，占地面积约89公顷，其中四分之一为湖泊水面。民族村西与西山森林公园隔水相望，东与国家体育总局海埂训练基地毗邻，距昆明市区8千米，交通便捷。

云南民族村是1991年为迎接第三届中国艺术节在昆明举办，作

图4–36　云南民族村入口牌坊

为对外展示和宣传云南奇异多姿的民族文化的一个窗口而开发建设的。云南民族村以弘扬民族文化、促进民族团结为建村宗旨，建成世居云南的25个少数民族的村寨，已建成傣族、白族、彝族、纳西族、佤族、藏族等12个少数民族村寨。这些村寨各具特色，充分反映了云南少数民族风格各异的民居文化。

傣寨（图4–37）　占地面积27亩，三面环水。寨内为一幢幢“干栏式”傣家竹楼，巍峨壮观的白塔，精巧玲珑的风雨桥，傣寨特色的风雨亭、水井、钟亭等建筑充满西双版纳亚热带的浓郁风情。傣寨最富特色的还是傣族的动态文化展示，“泼水节”“象脚鼓舞”“嘎光舞”，还有节庆期间的傣族婚礼表演、赛龙舟、丢包、拴礼线、放高升等民俗活动。

白族村（图4–38）　位于云南民族村西面，占地面积62.5亩。村内以戗角斗拱、雕梁画栋的传统白族民居为主，“三坊一照壁”“四合五天井”“扎染房”“木雕屋”“花园茶社”“戏台”“本主庙”以及按比例缩小为四分之一的“大理崇圣寺三塔”。一条“大理街”

(1)

(2)

图4–37　云南民族村傣族园

(1)

(2)

图4–38　云南民族村白族村

贯穿南北，还有大理石作坊和蝴蝶标本展览，体现了典型的白族民居特点；白族民间艺术有“霸王鞭”“草帽舞”“大本曲”等；民俗节庆活动有“三月节”“绕山灵”“迎新娘”等；白族传统“三道茶”让人品味人生的先苦后甜。

民族团结广场（图 4–39） 坐落在翠漪洲北面的民族团结广场，汇集了云南各民族体育、民俗活动的精华，象征着云南各民族团结向上的精神。每天有苗族、彝族、傈僳族等民族歌舞表演和傈僳族的“爬刀杆”民俗活动，以及亚洲象群表演。

图 4–39 云南民族村团结广场

彝族村（图 4–40） 地处民族团结广场以西，与白族村隔一条主游路相对，占地面积 50 余亩。村内有标志性的三虎浮雕墙，虎山充分展示了彝族绚烂的虎文化特色。太阳历广场中央耸立着高大的图腾柱，周围环绕 10 组月球雕塑，最外围有十二生肖石雕。村内烤酒作坊、织绣、工艺、文化楼、民居房等彝族特有的依山而建的“土掌房”建筑，茶山、斗牛场、磨秋、秋千等，全面生动地体现了彝族粗犷古朴而不乏精巧别致的民俗文化风貌。彝族的“左脚舞”“大三弦”“女子龙灯舞”“土司礼仪”“拦路酒”等民俗活动热情奔放。每逢“火把节”，在太阳历广场都要举行盛大的庆祝活动。

(1)

(2)

图 4–40 云南民族村彝族村

纳西族村（图 4-41）　位于白族村以西，占地面积 49 亩。村寨入口处，纳西族保护神“三朵神”的坐骑塑像和两面以《创世纪》为题材的大型浮雕墙，表现出鲜明的东巴文化气氛。以重彩绘画、雕刻为主题的“三坊一照壁”“民居楼”“花马坊”“工艺楼”“廊房”等主要建筑，概括了丽江“四方街”的地方特色。纳西族历史文化悠久丰富。著名的东巴文堪称象形文字的“活化石”。用这种象形文字写成的典籍叫“东巴经”，是古代纳西族的“百科全书”。委婉动听的纳西“洞经音乐”，融合了宗教与古代中原宫廷宴乐的旋律音韵。

图 4-41　云南民族村纳西族村

摩梭之家（图 4-42）　从纳西族村翻过一座葱茏的小山峦，紧依“泸沽湖”畔，建有一座摩梭人居住的“木楞房”，这座全部用圆木建成、风格拙朴的四合寨楼，取名“摩梭之家”。摩梭人居住在滇西北高原永宁地区的泸沽湖畔，人口约 8 万多，至今还保留着母系氏族形态和母系家庭生活习惯。摩梭人信奉藏传佛教，即喇嘛教。朝东的楼一般是经堂，室内布置精致，有佛光、转轮、酥油灯。摩梭家庭的门楼上是女孩子的闺房，即“阿夏房”。摩梭人婚姻还保持着“男不娶，女不嫁”的“阿注”走婚制。“阿注”即朋友的意思，男子和“阿夏”通过认识了解，阿注关系确定后，男子每晚到阿夏房走婚，翌晨回到自己家中，他们生下的孩子由舅舅抚养。

佤族寨（图4-43）　位于翠湖洲东南角，寨内建有茅草房、牛头广场、神灵广场、“司岗里”石雕及粮仓等。佤族寨内的主要建筑形式为干栏式木桩楼房，楼房系竹木结构双斜面二层草房，是佤族人生活起居的场所。牛头广场为佤族传统的“剽牛”活动场所，场正中的牛角是佤族“寨桩”，广场前的两个石人分别为佤族男性和女性祖先。神灵广场表现了佤族“万物有灵，灵魂不死”的自然崇拜观念，场中两个石人雕像分别为佤族最崇拜的“木依吉”和“阿依娥”。在佤族寨里，每当木鼓声咚咚敲响的时候，佤族一年一度的剽牛祭鬼活便开始了，体现了佤族人民勇敢坚强的性格和精神。佤族的“木鼓舞”节拍鲜明强烈，风格粗犷豪放。

图4-42　云南民族村摩梭之家

图4-43　云南民族村佤族寨

布朗族寨（图4-44）　与佤族寨相邻，寨内建有民居、鬼神广场等建筑。民居建筑形式为干栏式竹木结构的二层瓦房，上层有正堂、卧室、晒台等，下层一般作为仓库、圈养牲畜的地方。鬼神广场表现了布朗族万物有灵的自然崇拜观，广场中竖立着布朗族的图腾。广场也是布朗族祭拜神灵、表演歌舞、进行习俗活动的重要场所。

图 4-44 云南民族村布朗族寨

基诺族寨（图 4-45） 与拉祜族寨连为一组团村寨。基诺族寨建有基诺族公房、民居楼、粮仓和太阳广场。基诺族公房是一幢别具一格的建筑，长约 20 多米，茅草房顶。屋内两侧分隔成一间间小房，中间一排设置火塘，基诺族的若干个家庭居住其中，共同生活，它演示了基诺族从氏族大家庭到个体家庭过渡的生动情景。

图 4-45 云南民族村基诺族寨

拉祜族寨（图 4-46） 拉祜族寨与基诺族寨毗连，寨内建有拉祜族茅草房、大公房、教堂、牛棚及葫芦广场。拉祜族寨民居建筑为干栏式木桩楼房，一般为竹木结构的双斜面长形草房。拉祜族寨的“大公房”长约 15 米，内部划分卧室、火塘、走道。大公房展现了拉祜族以母系和父系血缘为主体的大家庭同居一室的传统生活习俗。传说拉祜族的祖先是从葫芦中诞生的，位

图 4-46 云南民族村拉祜族村

于拉祜族寨中心位置的葫芦广场，体现了拉祜族的祖先崇拜观念。

哈尼族寨（图 4–47） 占地 15 亩，代表性的建筑有蘑菇房、爱尼母子房和日月广场；有表现哈尼族关于鱼生万物神话传说的大型浮雕和迁徙传说的图腾柱，体现生产生活的磨房、龙巴门、秋千场、梯田；寨神树和祭石是哈尼族“万物有灵，多神崇拜”宗教信仰的标志。

图 4–47 云南民族村哈尼族寨

德昂族寨（图 4–48） 占地 11 亩，寨中纳入了德昂族最有特点的内容：有能容几十人同时居住的大房子；“毡帽形”房顶的小房；小乘佛教的奘房、佛塔；富有浪漫色彩的大公房、小公房；标志性的“龙阳塔”，介绍了德昂族创造文字的过程，展示了德昂族人民的聪明才智。德昂族各支系多彩的服饰、茶文化，独具民族特色。

景颇族寨（图 4–49） 占地 19 亩，有宽敞大方的各式民居。精美华丽的“山官房”，在建筑形式上反映了景颇族族干栏式、倒 T 式的传统民居特色。广场中央竖立着“目脑纵歌示幢”，两面精美的图案和雕塑象征着景颇族人民团结向前的意愿和骁勇强悍、坚强刚毅的性格。景颇族的宗教信仰主要是万物有灵的原始宗教，信奉鬼神。目

图 4–48 云南民族村德昂族寨

图 4–49　云南民族村景颇族寨

脑纵歌节是景颇族最隆重的传统节日，每逢节日，景颇族人民围绕“目脑纵歌示幢”翩翩起舞。

藏族村（图 4–50）　占地 21 亩，两面环水。村内有代表中甸地区的坡顶民居和德钦地区的碉楼式平顶民居。蜿蜒的砂石小径通向庄严神圣的藏传佛寺。壮观的迎宾白塔，象征吉祥和睦的“白牦牛”雕塑，与独具藏式风格的建筑相辉映。藏族主要节日的庆典活动、传统的民族酥油茶道、丰富的民间工艺、独具特色的各类雕刻和绘画，充分体现了藏族文化的博大精深。豪放的藏族“热巴”“锅庄”“弦子”等歌舞，让人领略来自迪庆高原的气息。[1]

图 4–50　云南民族村藏族村

二、景洪曼听公园

曼听公园（图 4–51）位于西双版纳傣族自治州景洪市主城区东南方，占地面积约 400 亩，曾经是西双版纳傣王的御花园，已有 1300 多年的历史，是景洪城区历史最悠久的公园。

1　昆明市园林绿化局 . 昆明园林志 . 昆明：云南人民出版社，2002：73–76.

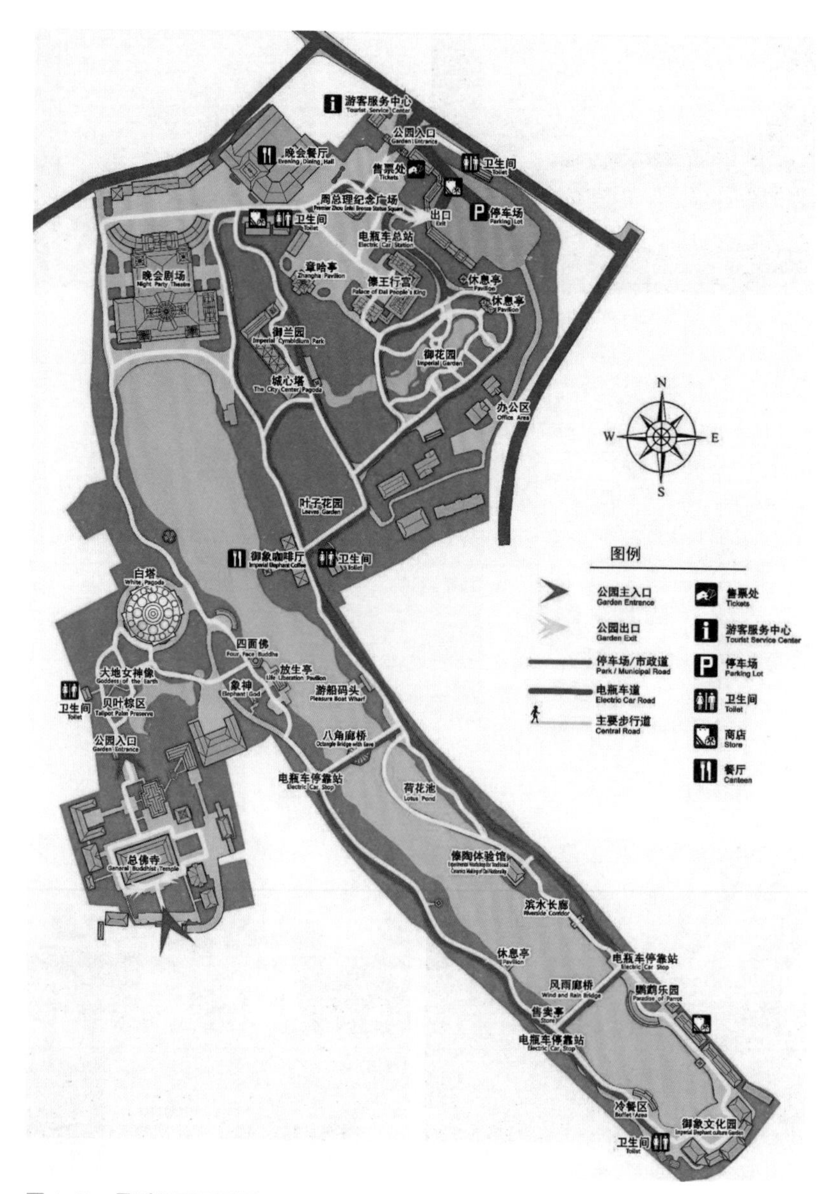

图 4–51　曼听公园平面图

公园现有古黑心树林区、周总理纪念碑区、热带兰圃区、孔雀园养殖区、放生湖、佛教文化区、植树纪念区和傣族文化茶园区。

周总理纪念碑　进入公园，正前方就是周总理纪念碑区，占地400多平方米，周总理铜像（图4–52）立在基座上，基座为汉白玉贴面，有铜质民族浮雕。铜像两侧是六方有傣族群众载歌载舞浮雕的影壁。左侧拱门形的影壁上刻有“周总理一九六一年参加泼水节”的汉字；

右侧影壁上刻有内容与左侧汉字相同的傣文。铜像基座前是栽满鲜花绿草的花坛和人工精心培育的草坪。周总理铜像的左侧，是曾经泰王国公主种下的两株象征中泰友谊的菩提树。

图 4–52　周总理铜像

古黑心树林　周总理铜像后面，就是近百亩古黑心树林。黑心树学名为“铁刀木”，因为它生长快，砍后还能再生，傣族喜欢种植这种黑心树做薪炭林。林中的每一棵古树都有 300 多年的历史，公园内共有 500 多棵这样的古树。铁刀木的树冠相连，形成大片绿荫。高大的树干上不仅有众多的攀缘植物，还有树缠树的植物绞杀现象，根部还长有附生植物龟背竹。林下或长青草，或铺落叶。[1]

孔雀园　孔雀园建在一片长满铁刀木的小丘上。数以百计的绿孔雀，在铁刀木林间漫步觅食或三五结队攀枝小憩。常可见到寻欢的雄孔雀围着雌孔雀抖身开屏，久久不收，就是游人走到跟前也不惊不慌，从从容容。[1]

放生湖　放生湖是西双版纳佛教信徒放生的地方，是东南亚最有名的放生湖之一。在泼水节及佛教节日，傣族男女老幼都要沐浴更衣，到总佛寺赕佛、祈福，并到放生湖放生许愿。

佛教文化区　在佛教文化区先后修建了圣洁的曼飞龙笋塔、西双版纳总佛寺（图 4–53）、瓦叭洁和精美的景真八角亭等模拟造型，以及四角亭、

图 4–53　总佛寺

1　杨美清，征鹏．西双版纳风物志．昆明：云南教育出版社.1986（130）.

六角亭、傣族萨拉亭等设施。在这里，游人可以通过一系列的进香、拜佛、拴线、放生等佛事活动和参观贝叶经，领略浓郁的南传上座部佛教文化。

曼听公园集中体现了“傣王室文化、佛教文化、傣民俗文化”三大主题特色，并融合了休息游览、文化娱乐等功能，成为一个综合性的旅游景区。

三、西双版纳傣族园

西双版纳傣族园（图 4–54）位于西双版纳傣族自治州景洪市勐罕镇橄榄坝，距景洪市 27 千米，南靠澜沧江，北依龙得湖。总占地面积 336 公顷，于 1999 年 8 月 1 日开园迎客，2001 年 10 月被国家旅游局评为国家 AAAA 级旅游景区。

西双版纳傣族园内景色秀美、民风淳朴，共有五个傣族自然村寨——曼将（篾套寨）、曼春满（花园寨）、曼听（宫廷花园寨）、曼乍（厨师寨）和曼嘎（赶集寨），其中曼春满和曼听是两个较大的寨子。几百户傣族人家世世代代生活在傣族园，使这里具有浓郁热带风光和民族色彩。

曼春满佛寺（图 4–55）　始建于 583 年，佛寺经过多次修复、重建。这座金碧辉煌的佛寺是橄榄坝的中心佛地，凡重大的佛教活动日，坝子里的信徒和各个佛寺的和尚都要前往朝拜。佛寺中央的大殿是建筑群的主体，屋脊端有吉祥鸟，中间是若干陶饰品，室内佛殿高大宽阔，

图 4–54　傣族园入口

图 4–55　曼春满佛寺

44 根水泥柱分排在殿宇两旁，所有圆柱都以红色为基色，用金粉绘制图案作饰品，显得金碧辉煌。大殿正前方是一座多棱角佛坛，正中央供奉着一尊 4 米多高的释迦牟尼金身塑像，塑像前并排供有 5 尊小佛。佛寺西北侧屹立着一座金身佛塔，称为曼春满金塔，5 座佛塔共立于一个正方形基座上，塔尖有风铃杆，系有铜铃。5 座佛塔全部涂有金粉，在阳光的照耀下，金光闪烁。佛寺四周的菩提树、贝叶棕、缅桂花等簇拥着佛寺古塔。整个佛寺集自然景观与人文景观为一体。

泼水广场（图 4–56）　为圆形广场，中间为驮着佛寺的白色双象雕塑，集中体现了傣族的宗教信仰与图腾崇拜。佛寺为二重屋顶，上有塔，屋脊、檐角为孔雀图案。雕塑外为一圈持续喷水的喷嘴，再外便是用于表演泼水的环形水池，水很浅，最深处深不过膝。泼水广场两侧为二层木结构观景台，每天都会举行泼水表演。

勐巴拉娜西歌舞剧场　是云南省旅游景区中最大的露天剧场，半封闭型的空间，舞台向观众席位大幅延伸。以歌舞的形式真实准确地反映了傣族传统文化，再现傣王招亲的历史渊源，反映傣家生活习俗，歌舞规模宏大，场面壮观，具有独特的民族风格。

曼听佛塔寺　位于傣族园的曼听村，始建于 538 年，由当地土司昆贯康罕与岩温组织修建，寺内的释迦牟尼塑像为橄榄坝之最。寺中的大白塔（图 4–57）始建于 669 年，它的造型像一个串起来的葫芦。白塔不远处有一口公主井，是为了怀念曾资助修建白塔的老挝公主南波罕而建。佛寺四周有椰树、贝叶树、槟榔树环绕，在门外还有塔包树奇观，一棵菩提树长在塔里面，是一种植物寄生现象，先有塔，后

图 4–56　泼水广场

图 4–57　大白塔

有树，傣族的村民一直把它视为神圣之树。曼听佛塔寺是历代傣王经常来朝拜的地方，每逢伍波萨他日，当地的信众都要来此供养、礼敬、膜拜。

傣家竹楼 傣族的传统民居就是傣家竹楼，是傣家人的生活居所，属于干栏式建筑，分上下两层，下层用于堆放杂物、停放车辆和关牲畜；上层用来居住，因以前常有野兽出入，住在楼上不但可以防止野兽侵犯，还可以防潮防震。竹楼的庭院开阔，周围栽种着香蕉、芒果、荔枝、木奶果、番木瓜等热带水果，还有高大挺拔的椰子树、贝叶树和槟榔树等热带植物。

傣族园作为代表西双版纳傣族文化的主体公园景区，在保留原有傣族传统村落和亚热带庭院风光的基础上，通过完善的服务设施和开展民族活动，展现出独特的傣族文化、佛教文化以及自然风貌。

云南典型少数民族园林见表4–3。

表4–3　云南典型少数民族园林汇总表

园林名称	地区	历史沿革	景观特征
云南民族村	昆明市	云南民族村是1991年为迎接第三届中国艺术节在昆明举办，作为对外展示和宣传云南奇异多姿的民族文化而开发建设的。云南民族村位于滇池之滨，拟建世居云南的25个少数民族的村寨，已建成傣族、白族、彝族、纳西族、佤族、藏族等12个少数民族村寨。这些村寨各具特色，充分反映了云南少数民族风格各异的民居文化	滇池之滨，多彩民族
曼听公园	景洪市	曼听公园原址是距今1300余年的傣王御花园，是封建领主召片领和土司们游玩赏花之所。1985年修建为城市公园，1991年周总理纪念铜像和纪念馆落成，纪念周总理来西双版纳视察并参加泼水节	傍水而乐，傣族文化，城市花园
西双版纳傣族园	景洪市 勐罕镇 橄榄坝	包含5个傣族自然村寨，其中的“曼春满佛寺”有1400余年历史，是现存西双版纳最古老的佛寺；园区占地3.36平方公里，1999年建成一期工程	傣族聚落，泼水狂欢

注：根据《昆明园林志》、各地州地方志、年鉴等资料整理而成。

第四节　土司衙署园林

土司衙署园林是云南园林的重要组成部分，是推行土司制度而衍生出的衙署园林。因其营建大多是经土司阶层主持或参与而被称为土司衙署园林。云南的土司衙署园林在院落布局的形制上，基本采用汉式衙署的布局形式，其园林的内部装饰与植物配置则具有鲜明的云南少数民族特色。随着明清时期土司制度的广泛推行与汉族文化的不断融入，云南的土司衙署园林逐渐发展成熟，形成地域特征鲜明、蕴含中原汉族与云南少数民族文化的园林风格。据考证，明朝在云南先后设置土官土司共332处，其中宣慰使11处、宣抚使5处、安抚使7处、长官司37处、土知府15处、御夷府2处、土知州24处、御夷州3处、土知县6处、土巡检74处。[1]

一、建水纳楼司署

建水纳楼司署（图4–58）俗称建水纳楼土司衙门，位于建水县城南约50千米的坡头乡彝族聚集村——回新村，为古代赫赫有名的西南三大彝族土司之一的纳楼茶甸副长官司所在地，简称纳楼司署，是云南保存较好的土司治所，1993年被列为云南省重点文物保护单位；1996年11月被国务院列为全国重点文物保护

图4–58　纳楼司署

1　龚荫．明清云南土司通纂．昆明：云南民族出版社，1985.

单位。

纳楼土司历史悠久，早在后晋天福元年（936年），通海节度使段思平借助东爨三十七部兵力，推翻杨干贞政权，建立大理国时，纳楼部就是三十七部之一。元代有纳楼茶甸千户，后分为两个千户，隶临安元江等处宣慰司。明洪武十五年（1382年），明军平定云南，纳楼茶甸土官普少缴历代印符归顺，明朝廷授其为纳楼茶甸世袭长官副长官。纳楼司境域辽阔、实力雄厚，为临安府九土司之首。曾经是一个地跨红河两岸，南部与安南（交趾）接壤，在边疆地区声威显赫、不可一世的封建领主“小朝廷”。司署曾悬有两副对联，其一是：“九重锡命传金碧；五马开基自汉唐。”另一副对联是：“承国恩化洽三江茶甸；奉圣谕钦赐八里纳楼。”

土司署原设于府城南40余千米的官厅（今建水县官厅镇），建有土城，高丈余，立三门。土司署拥有武装和监狱，对土民（农奴）有生杀予夺之权。现存清代“临安府纳楼茶甸世袭长官司普关防”一枚，为铜质长方形印，印文为篆字。

现存回新村的纳楼司署，建于清末，气势雄伟，保存较完好，是纳楼茶甸彝族土司后裔普氏土舍的衙门之一。普氏于明洪武年间受封为副长官司，世袭至清代。光绪九年（1883年），其故，土司内部争权，临安知府报经云贵总督批准，将纳楼土司管辖的地方分给其4个儿子继承，称4土舍，1912年改为土知州。1913年曾授以“临安县纳楼乐善永顺二里及江外三猛地方土司印”一枚。两年后，因新改的县名与浙江的临安县重名，仍改称旧名，另授予“建水县纳楼乐善永顺二里及江外三猛地方兼理崇道安正二里土知州”衔。

回新村的纳楼司署为长舍普国泰的宅邸，居回新村最高点，占地2895平方米，以大门、前厅、正厅、后院为中轴线，由南往北一字排列，厢房、耳房、书斋、客堂左右对称，形成三进四合院落，共有大小房舍70余间。大门坊式，三楹，檐角飞翘，大门上悬挂有“纳楼司署”匾额，门前有长10余米、高6米的大照壁，四周有砖土混砌的护墙两道，内有演兵场，四角各有石砌的二层三层碉堡，气象森严。进大门，前院是办公处所，正厅为公署大堂，后院楼房为住宅。

整座建筑布局严谨、层层递进，是彝汉文化结合的典型代表。1991 年 6 月，全国政协提案委员会建水考察组的著名古建筑和文物专家郑孝燮、孙轶青、罗哲文、丹彤等专程赴回新村考察，对这座“反映土司制度，保存完整，国内罕见的土司衙门”赞不绝口，给予了高度评价。罗哲文还赋诗一首：“纳楼司署踞高岗，俯览红河长又长。封建而今随逝水，但留形胜状南疆。”

二、孟连宣抚司署

孟连宣抚司署（图 4–59），傣语称“贺罕”，意为“金色的王宫”，坐落于云南省孟连傣族拉祜族佤族自治县的娜允古镇内。从第一任土司罕罢法于 1289 年始建孟连城起，宣抚司署历经 500 余年。孟连娜允傣族古城于 2001 年被云南省政府批为省级历史文化名城，并被专家认定为中国仅存的傣族古城。2006 年 5 月 25 日，孟连宣抚司署作为清代古建筑，被国务院批准列入第六批全国重点文物保护单位。

孟连宣抚司署古建筑群保存完好，是云南 18 座土司建筑中保存最完好的一座，也是云南清代土司衙署的代表，更是云南唯一一座傣、汉合璧的大型建筑群，是孟连娜允傣族历史文化名城的核心，在傣族地区的历史地位相当于中原地区的故宫。

宣抚司署的二叠小歇山式飞檐斗拱门堂恢弘，13 级石踏道旁，

图 4–59　孟连宣抚司署

8 根金色门柱耀人眼目。议事厅为三檐歇山顶干栏式，长 23.2 米，宽 16.1 米，高 10.2 米，面阔 7 间，进深 5 间，规制宏敞，非常气派。馆藏文物中有清王朝赐予土司的官服、印章、仪仗等物；有贝叶经和土司的记田户簿；有历代土司遗留的汉、傣两种文字的公文；有用傣纳、傣绷两种文字记载的故事、诗歌、经文、历史、法规等；有祭神器具及日常生活用具，这些都是研究西南少数民族土司制度的重要实物，具有较高的历史和艺术价值。

三、南甸宣抚司署

南甸宣抚司署（图 4–60）坐落在德宏傣族景颇族自治州东北部梁河县城遮岛镇南甸路 103 号，建于清咸丰元年（1851 年），是目前云南保存最完好的土司衙门。1996 年 12 月 27 日被公布为全国重点文物保护单位，目前是德宏傣族景颇族自治州唯一的国家级文物保护单位。

这家土司主人本姓龚，原籍南京应天府上元县人。元大德五年（1301 年）皇上赐姓刀，所以又称刀龚氏，1912 年复姓龚，正式称龚姓仅四代有余。刀氏先祖明初随师征讨云南，因屡建战功加封为宣抚使，定居于此，1398—1950 年，历时 552 年，28 代世袭为官。

建筑群按汉式衙署布置，由五进四院，47 幢，149 间房屋组成，占地面积 10625 平方米，按土司衙门等级分为公堂、会客厅、议事厅、正堂、后花园、五进四院。五进四院逐级升高，周围另有 24 间耳房、花园、佛堂、戏楼、小姐楼、佣人住房、厨房、粮库、马房、军械库、监狱等建筑，而且各有用处。

图 4–60　南甸宣抚司署

南甸宣抚司署由三代人建成，从 1851—1935 年，用了 84 年的时间。如此宏大的古建筑群，在全国土司

署中属于前列，人们称它为傣族的“小故宫”。

云南典型土司衙署园林见表 4-4。

表 4-4　云南典型土司衙署园林汇总

园林名称	地区	历史沿革	景观特征
建水纳楼司署	建水	建水纳楼司署俗称建水纳楼土司衙门，为古代西南三大彝族土司之一的纳楼茶甸副长官司所在地，简称纳楼司署，是云南保存较好的土司治所。1993 年，建水纳楼司署被列为云南省重点文物保护单位。1996 年 11 月被国务院列为全国重点文物保护单位	雄踞山腰，地势险要，三进四合院，四角建炮楼
孟连宣抚司署	孟连	傣语称“贺罕”，意为“金色的王宫”。从第一任土司罕罢法于公元 1289 年始建孟连城起，宣抚司署历经 500 余年。孟连娜允傣族古城于 2001 年被列为省级历史文化名城，并被专家认定为中国仅存的傣族古城。2006 年孟连宣抚司署作为清代古建筑，被国务院批准列入第六批全国重点文物保护单位	“傣汉合璧”古建筑群
南甸宣抚司署	南甸	建于清咸丰元年 (1851) 年，是目前云南保存最完好的土司衙门。1996 年被公布为全国重点文物保护单位，目前是德宏傣族景颇族自治州唯一的国家级文物保护单位	中国土司制度陈列的完整范例

注：根据《昆明园林志》、各地州地方志、年鉴等资料整理而成。

第五节　植物科普园林

独特的植物资源使得云南的城市园林充满了别样的绿色气息，像是一座“植物王国”。例如勐海的独树成林公园，一棵榕树由于其独特的气生根以及当地的环境，给予了人们不同的感受。独特的地域环境造就了这里不同于云南其他地区的独特的园林空间和园林要素，这种独特性也让这里的城市园林充满特殊的魅力。

一、昆明世界园艺博览园

昆明世界园艺博览园（图 4-61）（以下简称“昆明世博园”）是 1999 年昆明世界园艺博览会的展览基地，西邻金殿风景名胜区，

图 4–61 昆明世界园艺博览园平面图

东有金殿水库，南靠石碾山，北接七星山、穿金路，始建于 1997 年，全部建成于 1999 年 2 月，总占地面积约 218 公顷，植被覆盖率达 76.7%，水面占 10% ~ 15%。

昆明世博园会场结合地势特点，依山就坡，采取组团式的结构布局，通过轴线组织、空间创造，使各功能区相对集中，集全国各省、市、自治区的地方特色和 94 个国家不同风格的园林园艺品、庭院建筑和科技成就于一园，体现了“人与自然，和谐发展”的时代主题。

昆明世博园主要由 5 个场馆、7 个专题展园、34 个国内展园和 33 个国际展园组成。五大场馆包括国际馆、中国馆、人与自然馆、科技馆和大温室；七大专题展园包括树木园、竹园、盆景园、药草园、茶园、瓜果蔬菜园和会后新建的名花艺石园；三大室外展区包括国际室外展区、中国室外展区和企业室外展区。

鲜花大道（图 4–62 和图 4–63） 鲜花大道位于世博园主入口，一年四季都采用鲜花装饰，通过对花卉类植物的搭配组合，或成图案，或成动物造型，集中展现了云南作为“鲜花王国”的优势。

中国馆（图 4–64） 总建筑面积 19927 平方米，占地面积 33000 平方米，观礼台面积 3600 平方米，道路、场地铺装面积 4340 平方米。中国馆是“99 世博会”最大的室内展馆，它和人与自然馆、大温室主广场（新世纪广场）构成了世博会主场馆区。

图 4-62　世博园主入口

图 4-63　鲜花大道

中国馆处于广场北面较高地势，地坪高程 1937 米，比中心广场高 9 米，正对中心广场，设有供开幕、闭幕和开展会期活动使用的观礼台。中国馆建筑布局采用中国传统园林手法，形成院落式建筑群体，通廊将各功能展厅有机组合在一起。整个建筑共分两层，建筑物顶部高 18 米。基本单元平面为 24 米 ×24 米，共 7 个。

图 4-64　中国馆

中国馆的建筑风格结合了汉代宫苑建筑与南方民居建筑，绿瓦白墙，绿色代表生命，更是园艺的象征；白色代表着和平与和谐。中央内庭园分为江南庭园、北方庭园和大理庭园，既集中表现了中国园林园艺风采，又是观光、休息的理想场所。

云南彩云园　占地 1208 平方米，以开放的布局方式、丰富的自然资源、多元共生的民族文化及常年盛开的鲜花为特色，充分展示了云南鲜明的地方及民族风采。其主要景观有“彩云之南”“民族之林”、铜丝画、孔雀雕塑和特色植物等。

（1）彩云之南园区利用地形特征建成自然流线型台阶式花坛，种植各色花卉，形成七彩花带，展示了“花枝不断四时春”的“东方花都”春城特色；寓意云南高原梯田众多、五谷适种，象征云南蒸蒸日上的锦绣前程。

(2）民族之林（图 4–65）：园中设 26 根石雕柱，代表云南 26 个民族团结和睦、共创美好未来的愿望。每根石柱都雕刻了相应民族的代表图案，表现了云南独特的民族特色和深厚的文化内涵。

(3）孔雀雕塑（图 4–66）：云南各族人民把孔雀视为吉祥鸟。广场中心设置一斑铜孔雀雕塑，与广场的“日月同辉”图案组合成一体，形成合围同心的团结广场，表现了云南各民族兄弟同心同德、团结一心、共存共荣、共同发展的意愿。

(4)铜丝画用铜丝精制而成，体现了云南“有色金属王国”的特点。画面内容为“西双版纳风光”“石林奇观”和“大理风情”。

(5）特色植物彩云园充分利用云南取之不尽的各色花卉，如短串红、万寿菊、三色堇、金鸡菊、美国石竹等，形成红、黄、蓝、紫的彩色花带，犹如花溪流霞，与配植的大理冷杉、秃杉、山茶等，构成立体式植物群落。彩云园以开敞式布局，以花卉、乔木、灌木等云南特有植物资源为素材，以独特的民族风情、久远的文化为特色，以民族团结为主线，在有限的空间内，展示了云南“植物王国”的风采。

图 4–65 民族之林

图 4–66 孔雀雕塑

广东粤晖园（图 4–67） 以传统岭南园林布局为手法，以丰富的四时植物为背景，以历史文化为底蕴，通过园林建筑的穿插，通透开阔，将浮雕、石雕、铜雕、建筑和题联有机结合，表现了秀丽的南国风景，体现了广东深厚的历史文化，展示了岭南园林的独特魅力。

(1）“六月船歌”浮雕墙：用浮雕与版画相结合的创新手法，勾画了一幅村女摇船、欢歌嬉戏、果实累累、丰收喜庆的生动画卷，表现了以荔枝、香蕉、柑橘和菠萝四大佳果闻名的岭南的丰富物产。

（2）“情溢珠江”铜雕塑：雕塑生动地塑造了象征珠江的三条支流的东江、西江、北江三位嬉水少女的美丽形象，与瀑布、喷泉、溪涧等景物相结合，巧妙地描述了广东的历史和民俗。用取自广东英德县的石材叠成假山，寓意珠江源头——云南曲靖的马雄山。

图 4–67　粤晖园入口

（3）船厅：船厅是传统岭南庭园建筑与粤中民居的结合物，风格别致、开合适度、雕刻精美，是岭南文化的典型代表。

（4）“南粤胜景”石雕：用粗犷的花岗岩雕成。石雕内容为广东古代的四大名园和七星岩等景观。

（5）粤晖园：大量采用岭南特色植物，如大王椰子、短穗点尾葵、银海枣、附生榕、垂榕、大叶紫薇、异木棉、南洋杉等亚热带品种，配植洒金榕、花叶良姜、七彩大红花等彩叶植物，与丰富的地被植物形成了典型的岭南“精巧秀丽”的艺术风格。

二、中国科学院昆明植物园

昆明植物园始建于 1938 年，隶属于中国科学院昆明植物研究所，地处云南首府昆明市北郊的黑龙潭畔，是集科学研究、物种保存、科普与公众认知为一体的综合性植物园。

昆明植物园园区开放面积 44 公顷，分为东、西两个园区，已建成山茶园、岩石园、竹园（以竹类为主的水景园）、羽西杜鹃园、观叶观果园、百草园、木兰园、金缕梅园、极小种群植物专类园、裸子植物园等 15 个专类园（区），收集保育植物 7000 余种和品种。截至 2015 年，单子叶区有 173 种及种下单位，共计 152900 株（丛）；竹园种植 81 种及种下单位植物，共计 6908 丛（株），竹子有 55 种及种下单位；岩石园有267种及种下单位；茶花园有302个种及种下单位；观叶观果园有352个种及种下单位。有《昆明植物园国家重点保护植物名录（I、II级）》，共350种；《昆明植物园红色植物名录》，共1887种；《昆明植物园极小种群野生植物名录》，其中全国33种，云南34种。

扶荔宫（图4-68） 是世界上最早有文字记载的温室，汉武帝时期曾建于上林苑中，用于栽种南方佳果和奇花异木。作为中国科学院“七五”期间的重点建设项目，昆明植物园“温室群”于1986年建成投入使用，占地35亩，建筑面积2726平方米，保存植物2000余种。当时，我国著名植物学家吴征镒院士将其命名为“扶荔宫”。

竹园 位于昆明植物园东园，竹园占地面积2200多平方米，其中水体面积90多平方米，观景台和文化长廊150多平方米。观景台等建筑以中式古典建筑风格装饰，与竹类景观相得益彰。种植区域铺设草坪1200多平方米，种植地被植物13种、竹类50种（包括变种和变型）。在水榭的景观廊内设有三块大型科普展板，展出与竹子有关的文化、图片、科学知识等。

蔷薇区 占地30亩，共收集展示了蔷薇科乔灌木和藤本植物共25属100余种，其中有冬季开放的冬樱花、梅花，早春开放的云南樱花、垂丝海棠，仲春开放的碧桃、毛叶木瓜，晚春开放的日本樱花、木香，秋季果实妍丽的火棘、红果树、匍匐栒子等，园区中还有云南山楂、山里红、云南移依、枇杷等多种具保健或药用价值的野生果树。

枫香大道（图4-69） 位于昆明植物园西园，长约500米，栽种有树龄达50年的枫香树，加上近年来栽种的小树共近800余棵。昆明植物园“枫叶节”于每年10～11月份在园内枫香大道举行，枫香大道是该园区特有的季节景区。

茶花园 是国内最具特色的专类园之一，共收集茶属植物近40种，云南山茶品种100多个，是国内外最早收集金花茶的专类园之一。

杜鹃园 杜鹃园以收集常绿杜鹃为主，有锦绣杜鹃、大树杜鹃等320余种。占地60亩，共引种栽培了云南产各种杜鹃花近百种，10000余株。全园分为映山红与锦绣杜鹃区、马缨花区、露珠杜鹃区、

图 4–68　扶荔宫（来源：网络）

图 4–69　枫香大道（来源：网络）

常绿杜鹃区以及烨煌园。杜鹃课题组开展了中海拔杜鹃的引种实验，杜鹃园已成为另一个具有广泛影响的专类花园。

温室区　占地 30 亩，其中温室建筑面积约 3000 平方米，分为中心温室（包括兰花馆、观叶植物馆、花卉馆）、秋海棠馆、热带植物馆、棕榈馆、仙人掌及多肉植物馆。温室花卉课题组深入到西双版纳、广西、广东、福建等地，引种了各类温室植物和室内、室外观赏植物近千种。展览温室有热带、亚热带植物 2000 余种。

树木园　树木园有红豆杉、金钱松、云南樱花等乔、灌木 1170 多种。占地 150 亩，包括木兰园、蔷薇园、竹类区和珍稀、濒危植物区等，其中木兰园共引种栽培了云南产的山玉兰、麻栗坡含笑、红花木莲、滇藏木兰等木兰科植物 60 余种。

蕨类园　占地 50 余亩，共引种栽培了云南的桫椤、凤尾蕨、大理碎米蕨、毛兰铁线蕨、光叶凤丫蕨、大羽短肠蕨、毛蕨、尖叶铁角蕨等蕨类植物 400 余种，全园分为蕨类品种区和蕨类生态区两部分。

昆明植物园先后被命名为“全国科普教育基地”“云南省科学普及教育基地”“全国青少年走进科学世界科技活动示范基地”“全国青少年科技教育基地”“昆明市科普精品基地”等；山茶园荣获“国际杰出茶花园”称号。

昆明植物园立足我国云南高原，面向西南山地和横断山南段，是以引种保育云南高原和横断山南端地区的珍稀濒危植物、特有类群和重要经济植物等为主要内容，以资源植物的引种驯化和种质资源的迁地保护为主要研究方向。从 2012 年起，昆明植物园成功承办了四届中国植物园联盟“园林园艺与景观建设培训班”，共为来自全国的40个植物园及相关单位的100余位学员提供了高水平园林园艺的专业技术培训。到昆明植物园开展科研观察、教学实习、科普活动和观光休闲的人数，从2011年的479051人次增加到2015年的912598人次，累计入园人数达到了357万人次，已经成为远近闻名的以植物为主题的集研究、科普、娱乐休闲为一体的植物名园。

三、中国科学院西双版纳热带植物园

中国科学院西双版纳热带植物园位于云南省西双版纳傣族自治州勐腊县勐仑镇，前身为1959年蔡希陶教授领导创建的“西双版纳热带植物园”，经历数次重组、改隶后，1996年9月经中央机构编制委员会办公室批准，定名为中国科学院西双版纳热带植物园，隶属于中国科学院。2011年7月被评为国家AAAAA级旅游景区。

截止到2015年9月，中国科学院西双版纳热带植物园占地面积约为11.25平方千米，收集活植物12000多种，建有38个植物专类区，还保存有一片面积约2.5平方千米的原始热带雨林。园区主要分为西区和东区，西区有20多个专类园区，展示丰富多样的各类热带植物；东区主要是热带雨林景区和绿石林，具有极其多样性的动植物。

西区：

名人名树园（图4–70）名人名树园建于1999年，占地面积55亩，共收集展示275种或品种热带植物。该园有江泽民手植的相思树、李鹏手植的铁力木、李瑞环手植的小叶榕等，前世界野生生物基金会会长爱丁堡公爵、菲利普亲王手植的“热带雨林巨人”望天树、日本秋筱宫亲王手植的黑黄檀，中国科学院院长卢嘉锡手植的锯叶竹节树、院长周光召手植的天料木和院长路甬祥同志手植的龙血树等，本园创始人、第一任园长蔡希陶教授手植的龙血树，第二任园长裴盛基手植的野荔枝和第三位园长许再富手植的铁力木。该园还建有展示植物园历史的“西园谱”，纪念创始人蔡希陶教授的石群雕——“树海行”，并收集了多种奇花异树，如蔡希陶教授发现并且手植的能够提取名贵

的“活血圣药”的柬埔寨龙血树；傣族佛教植物制作贝叶经的贝叶棕；形似开屏的孔雀，沙漠贮水之树——旅人蕉；世界上最毒的植物，被称为“见血封喉”的箭毒木；老茎生花可食用的火烧花；花似喇叭的曼陀罗；俏似香山红叶的俏黄芦；叶形各异、花色奇彩的洒金榕。在园中，还有西双版纳最古老的铁树——雌雄异株的千年铁树王。

图 4-70　名人名树园

国树国花园（图 4-71）　国树国花园建于 1999 年，按世界六大洲进行规划分区，即分为亚洲、南美洲、北美洲、大洋洲、非洲、欧洲六个区，共占地 20 亩，收集展示了适宜本地生长的 80 个国家的 58 种国树国花，如缅甸国花——龙船花、老挝国花——鸡蛋花、利比亚国花——石榴花、马达加斯加国花——凤凰木、比利时国花——虞美人等。如此多的国树国花聚集一堂，使来自五湖四海的游客欣赏到世界各国的国树国花，并通过文字与科普解说，更多地了解各国的风土人情、文化传统、地理地貌等知识。

百竹园（图 4-72）　百竹园建于 1965 年，占地面积 104 亩，引种栽培竹子 250 余种。收集有云南南部、广东、广西、海南以及东南亚热带国家的竹类，其中有许多珍贵的竹种，如茎粗达 25 厘米的巨龙竹、竹间似佛肚的佛肚竹、黄绿相间的黄金间碧竹、竹枝长满钩刺

图 4-71　国树国花园

图 4-72　百竹园

的刺竹、当地傣族用来做竹筒饭的糯米香竹，更有罕见攀树缠枝的藤竹及具有浓郁傣族风情的凤尾竹。

奇花异木园（图4–73） 奇花异木园建于1999年，占地面积12亩，主要收集热带各种奇花异木，并用园林园艺的方式向公众进行展示，对普及植物学和生态学知识起到了重要的作用。该园分为观果植物区、草花植物区、花叶植物区、感应植物区、赏茎植物区等，收集奇花异木254种（品种）。其中有老茎生花植物无忧花，观果植物神秘果、木奶果、可可、气球果、乳茄，茎秆膨大的观茎植物酒瓶棕、酒瓶兰、象腿树、佛肚树等，块根、块茎膨大的植物山乌龟，世界花之最的巨花马兜铃，花构件似胡须的老虎须、猫须草，花形奇特艳丽的红花西番莲、金杯花、重瓣纸扇，草花植物虾衣花、太阳花等，花叶植物红桑、白缘龙舌兰等，感应植物跳舞草、含羞树、时钟花等，木材最轻的轻木，国家保护植物火树麻等。

棕榈园（图4–74） 棕榈园建于1976年，现有面积140亩，共收集棕榈科植物458种。保存有列为国家保护植物的琼棕、矮琼棕、董棕、龙棕，还有我国特有种二列瓦理棕。并收集保存原产马来半岛至爪哇一带的棕榈水果——蛇皮果，棕榈四大经济植物之一的桃棕等。从菲律宾引进种植了具有经济开发前景的蓝灰省藤、瘦枝省藤。此外，在棕榈园中还专门开辟了棕榈藤收集区，占地面积30亩，收集棕榈藤35种，分属于省藤属、黄藤属、钩叶藤属。引种收集的优质藤类有云南省藤、多穗白藤、小省藤、滇南省藤等。棕榈园是保存棕榈科植物种类较为丰富、景观优美、具有强烈热带风光的园区。

百花园（图4–75） 百花园是植物园的第一景，占地面积353亩，

图4–73　奇花异木园

图4–74　棕榈园

现收集保存与展示热带花卉植物645种（品种）。百花园植物布景主要采用孤植、纯林大片种植、同类多品种集中收集、专科专属保存、攀缘及水生花卉植物多种方式展示，并力求与地形水域巧妙结合，形成不同的赏景空间，创建了“天女散花”“层林尽染”“五彩缤纷”和“花开花落”等景观效果。借助区内大量花卉植物，通过挖掘花卉与人们日常生活、信仰和情感的关联，以及古往今来的文人墨客以花卉植物创作出的传说故事、诗歌等文学作品，以对联、字画、牌匾等形式展示于园区内，充分展示了花卉植物的科学和文化内涵。整个园区被远山晨雾所怀抱、被汩汩流淌的罗梭江所环绕、被飞蝶野禽所簇拥，步移景异、花开不谢，让游客切实感受“热带天堂”的神奇魅力。

百香园　占地面积86亩，引种保存国内外重要香料植物104余种。有世界名贵香料植物依兰香、丁香、檀香、土沉香、香荚兰、肉豆蔻、秘鲁香、吐鲁香、降香黄檀、锡兰肉桂、肉桂、白兰花等，也保存有重要乡土香料植物，如高含金合欢醇型、香叶醇型、芳樟醇型、甲基丁香酚型的细毛樟；高含柠檬醛的吉龙草、高含黄樟油素的狭叶桂、高含樟脑的勐海黄樟等，它们当中有不少是云南特有种、世界罕见的香料植物，具有较大的开发利用潜力。此外，还收集有许多传统的民族食用香料，如当地傣族常用的烧烤配香原料香茅草、刺芫荽，

图4−75　百花园

在傣历新年做毫糯索的配香原料云南石梓花及传统佛教信仰植物铁力木等。百香园是中国最大的香料植物活基因库。

水生植物园（图 4–76） 水生植物园水面面积 15 亩，收集和展示热带地区种类繁多的水生植物，现收集保存了约 100 种（品种）。该园按照水体深浅等水湿小环境和植物生态习性分别种植了不同生活形态的水生植物，包括：浮叶植物（植物根系或地下茎扎根水底，茎生长于水中，叶柄长度可随水位而伸长，叶及花朵浮在水面上的水生植物，如王莲、睡莲、芡实、萍蓬草）；浮水植物（植株整体漂浮于水面，根部不生于泥中，可随水流四处漂泊的植物，如雨久花、满江红、凤眼莲、美洲槐叶萍、紫萍、大漂、眼子菜、荇菜）；沉水植物（完全的水生植物，大部分生活周期中植株沉水生活，它们多生活在水较深的地方，根长在土里，叶片通常呈线形、带状，如金鱼藻、黄花狸藻、黑藻等）；挺水植物（下部或基部沉于水中，根或地下茎扎于泥中生长发育，上部植株挺出水面，通常生长在浅水或水边的水生植物，如荷花、纸莎草、畦畔莎草、水葱、长节淡竹芋、白粉塔里亚、水芋、水生马蹄、撒金泽泻、泽泻、黄花蔺、千屈菜、蔗草、菖蒲、慈姑、黄花鸢尾）；滨水植物（生长在岸边或堤岸潮湿的地方，喜水耐湿，如水杉、落羽杉、水松、木芙蓉等）。

图 4–76 水生植物园

东区：

热带雨林景区 热带雨林区占地面积约 80 公顷，用于对西双版纳及周边地区植物的迁地和就地保护，包括野生姜园、天南星园、野生兰园、蕨类园、野生蔬菜植物园、滇南热带野生花卉园、热带混农林展示区、珍惜濒危植物迁地保护区等专类园区，保存有种子植物 2000 余种，其中稀有、濒危植物 100 余种。核心区的原始热带雨林，集中展示了热带雨林的典型特征：大板根、绞杀现象、老茎生花、空中花园和高悬于空中的大型木质藤本等，还可见到反映该地区地质历史变迁的山红树、露兜树。热带雨林景区是一个集物种收集保存、科学研究及环境教育为一体的综合平台。

滇南热带野生花卉园　滇南热带野生花卉园占地面积31亩，主要收集了滇南地区（泛指云南热带和亚热带）野生花卉的种质资源，收集保存野生观赏花卉（图4–77）65科约250种。园景充分运用群落生态学原理，对乔、灌、草、藤等类植物进行科学合理的配置，以10亩水域为衬托，花红水映，景观别致。该园已成为植物种质资源保存、科学研究、科普教育、生态旅游为一体的专类园区。

图4–77　野生花卉园红花芭蕉

天南星园　天南星园区位于沟谷雨林，以收集天南星科植物为主，占地面积约6亩，共收集了包括水生、陆生、附生等形式23属，110多种国内外野生天南星科植物。目前为国内收集国产种类最多的天南星专类园区。天南星区不仅收集不同的种，而且注重同种的不同居群收集。为生物多样性的保护，分子生物学，遗传多样性研究提供了宝贵的材料。

珍惜濒危植物迁地保护区　珍惜濒危植物迁地保护区占地面积90公顷，于1974年划地保护与建设，旨在支持珍稀濒危植物及热带雨林多样性的保护与研究。珍稀濒危植物区集有鸽子花、黄牡丹、杏黄兜兰等国家级保护植物近380余种。通过几十年的收集、保护与建设，区内现有高等植物3000余种，其中引种植物约1500种，保存有100多种国家珍稀濒危植物和重点保护植物。区内还建有用于生态学研究的森林生态系统观测塔、地表径流观测站等设备。同时，还建设了一些具有特色的植物专类园区，既保存了物种，又丰富了科普教育的内容。区内的森林群落是以四树木、番龙眼等为标志树种。漫步其中，可看到老茎生花、绞杀现象、独树成林、板根等典型的热带雨林景观。该区已成为从事生态学、森林生态学、生物多样性保护等研究的重要基地。

野生兰园（图4–78） 野生兰园占地面积9.08亩，建于2000年，以保护和研究兰花资源为宗旨，主要从事兰科植物的引种驯化、保存培育及生物学特性等方面的研究。该园收集保存石斛属、万代兰属、鹤顶兰属、笋兰属、贝母兰属、指甲兰属、蜘蛛兰属、凤蝶兰、石豆兰属、钻喙兰属、虾脊兰属、竹叶兰属、美寇兰属、湿唇兰属、羽唇兰属等野生兰科植物近200种，并举办兰花展（图4–79）的科普活动，该园已成为国内从事兰科植物研究的重要基地。

野生蔬菜植物园 该专类园由中国科学院科技创新项目支持，在原野生蔬菜植物专类园的基础上，于2009年开始，历经3年建成。本园区面积约150亩，收集保存野生食用及栽培植物近缘种400余种，分别保存在野生食果区、野生食花区、野生食茎叶区、野生食根区，野生栽培植物近缘种则点缀于各区内。这是目前世界上收集保存野生食用植物种类最多，面积最大的专类园区。

蕨类园 蕨类园占地面积约10亩，建于2001年，已收集保存热带、热带与亚热带过渡带的蕨类植物300余种，包括石生、地生及附生等蕨类植物。其中收集保存国家重点保护和珍稀的蕨类10余种。该园不仅是中国野生蕨类植物收集保存的重要场所，也是一个集科研、教学、科普旅游等为一体的专类园。

野生姜园 植物园西区从20世纪60年代就开始对姜科植物进行

图4–78 野生兰园

图4–79 “自然之兰”兰花展

收集驯化与保存工作，主要以国内和东南亚国家的热带和亚热带野生姜科植物种质资源迁地保护为主。该园占地面积约 100 亩，现保存野生姜科植物 16 属 170 余种，其中保存有珍稀濒危植物茴香砂仁、拟豆蔻、长果姜、勐海姜，重要中药材砂仁、益智、草果、姜、草豆蔻、高良姜、郁金、莪术、姜黄、闭鞘姜等，另还保存有做香料、色素、淀粉、蔬菜等实用性姜科类植物以及美丽的观赏姜科类植物。西园野生姜园已成为世界从事姜科分类、系统进化、传粉生物学、生态学、植物化学、开发利用等方面研究的重要基地。

绿石林保护区（图 4–80、图 4–81）　中国科学院西双版纳热带植物园绿石林景区面积 225 公顷，位于葫芦岛东部区，自然环境优美，森林覆盖率在 90% 以上，典型的石灰岩山森林植被，生长有 1000 多种高等植物，栖息着上百种野生动物。区内千姿百态的象形奇石和郁郁葱葱的雨林形成的树石交融的景观比比皆是，构成世间少有的“上有森林，下有石林”的奇观，故有“绿石林”之称。绿石林景区是多种珍稀濒危动物，如双角犀鸟、灰叶猴、峰猴、长臂猿等的原始栖息地，同时具有丰富的热带兰科植物资源，是开展这些珍稀濒危动植物回归和综合保护的示范基地。

中国科学院西双版纳热带植物园中国面积最大、收集物种最丰富、

图 4–80　绿石林大板根　　图 4–81　(1) 石灰山植被　(2) 还魂草

植物专类园区最多的植物园，也是集科学研究、物种保存和科普教育为一体的综合性研究机构和风景名胜区。

四、勐海独树成林公园

独树成林公园位于云南省西双版纳自治州勐海县打洛镇边境贸易区内的曼掌寨子旁，打洛镇政府以南3.5千米处，靠近中缅边境。为了保护和利用独木成林这个自然景点，于2012年建立独木成林景区，以国家AAAA级景区的标准开发运作，规划面积500余亩。

独树成林景区有独树成林、八角亭、美龙卡风情大剧院、中缅友谊大金塔、三象广场、神秘山寨、中国抗日远征军纪念碑、中缅寺光明佛塔等景点。

独树成林（图4–82） 独树成林是一棵大叶榕树，据植物专家测算已有1200多年的树龄，树高约50米，在主干距地约10米处分生出两条粗大的主枝伸向左右两侧，主干与主枝呈“丫”字形。有36条大小不等的气生根，有的缠着主干，有的垂直伸到地面扎入泥土，形成粗细不等的支柱根，支撑在伸向两侧的主枝下，这些支柱根的形状和颜色都与母树一样。一眼望去，恰似一片树林。这株成林的独树，背靠山丘，面对平坝，有翠竹掩映，有竹楼作衬。形成了奇特的独树成林景观。

图4–82 独树成林

三象广场（图 4-83）　三象广场正中央是一座雕塑，三只大象用鼻子同时托起莲花座上的释迦牟尼佛像，就是以象鼻托佛，寓意为如意安康、平安顺利。

中缅友谊大金塔（图 4-84）　中缅友谊大金塔位于景区金连山上，是为纪念缅甸第四特区与西双版纳两地间和平繁荣、边民世代友好而建的，由中缅两国共同筹资建造，1997 年开光，塔高 48 米。入口有两头雄伟的护法神狮分列两侧，顺着台阶往上走，便可进去参观金塔内部。金塔中心区有四尊金身佛像，分别是：佛诞、大觉、传法、涅槃。沿着四周走分别为缅甸的七邦七省及掸邦著名佛教圣地微缩景观图，且绘有缅甸佛教史上大事记的壁书，内容极为丰富。金塔西面还有一尊站佛，站佛手指勐拉城镇，意为接引众生，指点迷津。

中国抗日远征军纪念碑（图 4-85）　勐海县委和勐海县人民政府于 2014 年在景区边防巡逻路旁立下这块“中国远征军抗日作战遗址纪念碑”以及“无名英雄纪念碑”（图 4-86），打洛是我国西南的门户重镇，曾是远征军将士重要的战场之一。

图 4-83　三象广场

图 4-84　中缅友谊大金塔

图 4-85　中国远征军抗日作战遗址

图 4-86　无名英雄纪念碑

云南典型植物科普园见表 4–5。

表 4–5　云南典型植物科普园汇总

园林名称	地区	历史沿革	景观特征
昆明世界园艺博览园	昆明	昆明世界园艺博览园于 1999 年 2 月建成，1999 年 5 月至 10 月，中国政府首次在昆明举办了 20 世纪末全球规模最大的一次国际盛会，总占地约 218 公顷，植被覆盖率达 76.7%，其中有 120 公顷灌木缓坡地，水域面积达 10% ~ 15%，2016 年 8 月被国家旅游局批准为国家 5A 级景区	世界园林园艺精品，唯一保留世博会遗址
中国科学院昆明植物园	昆明	昆明植物园始建于 1938 年，隶属于中国科学院昆明植物研究所，地处云南省会昆明市北市区黑龙潭公园畔。是集科学研究、物种保存、科普与公众认知为一体的综合性植物园	枫叶大道，科研基地
中国科学院西双版纳热带植物园	西双版纳傣族自治州勐腊县勐仑镇	隶属于中国科学院，始建于 1959 年，是集科学研究、物种保存和科普教育为一体的综合性研究机构和风景名胜区，2011 年被评为国家 5A 级旅游景区。2017 年被推选为“首批中国十大科技旅游基地”	热带雨林，物种繁多
独树成林公园	西双版纳傣族自治州勐海县打洛镇	勐海独树成林公园位于省级口岸打洛镇边境贸易区内的曼掌寨子旁，距离打洛镇政府镇政府 4 千米。这是一棵古榕树，有 900 多年的树龄，共有 31 个根立于地面，树高 70 多米，树幅面积 120 平方米，枝繁叶茂成为一道绿色屏障。该景区于 2012 年 3 月重建	独树成林，雨林奇观

注：根据《昆明园林志》、各地州地方志、年鉴等资料整理而成。

后　记

云南作为我国少数民族种类最多的省份，其典型园林沿袭中国传统园林的精髓，同时，受地域偏远、多民族聚居的影响，云南园林亦呈现出多元变化的特质。适逢中国建材工业出版社推出《筑苑》系列专题丛书，为大力弘扬民族文化，厘清多民族地区的园林发展脉络提供机遇，于是对云南地区的园林进行较为系统的专题研究，付梓得以实现。

从研究者的认识角度来看，对云南园林的关注和研究，本身也是处在一个不断认识和不断深入发掘的探讨过程之中。本书的梳理编写，实际上是在借鉴前辈们所取得诸多研究成果的基础上，做的一点较为系统的总结和补充。从书的内容和章节构成的整体性来看，主要是基于对云南园林所反映出来的不同类型。书中的观点与内容，除了表述笔者现阶段对云南园林粗浅的认知外，以期通过各种图片资料，提供更多相关的信息内容，希望使读者对云南多民族、多元化、多层次的园林能有一个总体的印象。

本书所选用的插图，少部分改绘自《昆明园林志》；一部分引用于《中国古建筑丛书——云南古建筑》《中国民居建筑丛书——云南民居》《云南乡土建筑文化》等相关文献著作。极少数图片来源于网络，因图面整体效果需要，个别同行与学生提供的图，未能在文中一一对应地标注出，在此特别表示歉意和谢意。

在本书的梳理编写过程中，先后得到了昆明市园林设计院原院长陈海兰老师的谆谆教导，得到昆明市规划设计院总工王军、昭通市建筑设计院张骏院长等的认真回复与探讨，同时，在调研收资过程中，得到相关部门和具体人员的帮助，在此表示感谢。特别感谢中国建材工业出版社孙炎编辑等有关编审人员的关心和支持。

毛志睿　杨大禹

2018 年 12 月

附录　图片索引

图 4-81　（2）还魂草　来源：http://photo.weibo.com/2129620715/wbphotos/large/mid/4254173156969569/pid/7eef6eebgy1fsle5dg0ljj23402bskjq
图 4-82　独树成林　来源：董世豪 摄
图 4-83　三象广场　来源：陈歌 摄
图 4-84　中缅友谊大金塔　来源：http://yyhz369.bdlm188.com/Index/detail/type/scenic/id/658.html
图 4-85　中国远征军抗日作战遗址　来源：陈歌 摄
图 4-86　无名英雄纪念碑　来源：陈歌 摄

参考文献

[1] 汪菊渊 . 中国古代园林史［M］. 北京：中国建筑工业出版社，2006(10).

[2] 周维权 . 中国古典园林史［M］. 北京：清华大学出版社，1999(10).

[3] 彭一刚 . 中国古典园林分析［M］. 北京：中国建筑工业出版社，1986.

[4] 陈从周 . 中国园林鉴赏辞典上海［M］. 上海：华东师范大学出版社，1992.

[5] 杨大禹 . 中国古建筑系列丛书：云南古建筑 (下册) [M] . 北京：中国建筑工业出版社，2015（12）.

[6] 杨大禹 . 云南佛教寺院建筑研究［M］. 南京：东南大学出版社，2011(09).

[7] 将高宸 . 建水古城的历史记忆［M］. 北京：科技出版社，2001(02).

[8] 顾奇伟 . 苦觅本土建筑［M］. 昆明：云南科技出版社 .2010（8）.

[9] 昆明市园林绿化局 . 昆明园林志［M］. 昆明：云南人民出版社，2002（10）.

[10] 大理白族自治州苍山保护管理局出版社 . 苍山志［M］. 昆明：云南民族出版社，2008.

[11] 宾川县人民政府 . 云南省宾川县地名志［M］. 昆明：方志出版社，1989（09）.

[12] 巍山彝族回族自治县县志编委会 . 巍宝山志［M］. 昆明：云南人民出版社，1989（12）.

[13] 线世海 . 保山文化史 [M] . 昆明：云南民族出版社 .2004 (03) .

[14] 腾冲县建设志［M］. 昆明：云南民族出版社，2003（05）.

[15] 云南省通海县史志委员会 . 通海县志［M］. 昆明：云南人民出版社，1992（01）.

[16] 玉溪市地方志办公室，通海县史志办公室 . 秀山志［M］. 昆明：云南民族出版社，德宏 : 德宏民族出版社 .2012（12）

[17] 周艳芬 . 匾山联海[M]. 北京: 中国广播电视出版社,2003(06).

[18] 邱宣充 . 云南名胜古迹大全［M］. 云南：云南人民出版社，1999（01）.

[19] 李刚，张佐 . 云南揽胜 : 云南名胜古迹大观［M］. 昆明：云南人民出版社，1999（09）.

[20] 杨美清，征鹏著 . 西双版纳风物志［M］. 昆明：云南教育出版社，1986（05）.

[21] 马建武，陈坚，林萍等 . 云南少数民族园林景观［M］. 北京：中国林业出版社，2006（6）.

[22] 宗白华 . 中国园林艺术概况［M］. 苏州 : 江苏人民出版社，1987（3）.

[23] 陈学娇 . 云南省鸡足山景区佛教旅游开发研究［D］. 西安：陕西师范大学 .2012（05）.

[24] 吴兰珊 . 山岳风景区寺庙佛教文化景观保护与利用研究［D］. 长沙：湖南农业大学，2014.

[25] 马云霞 . 云南寺观园林环境特征及其保护与发展［D］. 昆明：昆明理工大学，2004.

[26] 李杨 . 云南少数民族园林特色及其文化研究［D］. 昆明：昆明理工大学，2011.

[27] 何志嫚 . 基于宗教文化的山岳型风景区规划设计研究［D］. 南宁：广西大学，2017.

[28] 杨志明 . 滇派园林的主要特色［J］. 园林文化与历史，2010（02）:19-21.

[29] 周霞 . 云南通海秀山古建筑群调查［J］. 古建园林技术，1998（2）:56-61.

[30] 张兴南 , 许耘红 . 通海县秀山寺观园林构景特点分析［J］. 林业调查规划，2018（02）:187-192.

[31] 张翠芝 . 安宁楠园的文化艺术特色浅析［A］. 中国武汉决策信息研究开发中心、决策与信息杂志社、北京大学经济管理学院 .2016:2.

[32] 黄贞珍 . 滇派园林中的植物文化——以昆明市昙华寺公园为例［J］. 园林，2017（06）.

[33] 林萍，马建武，陈坚等 . 云南省主要少数民族园林植物特色及文化内涵［J］. 西南林学院学报，2002，22（2）:35-38.

[34] 代金叶 . 云南典型园林匾额楹联特征分析与发展研究［J］. 大众文艺，2017（05）:72.

[35] 陈东博 . 浅析云南建水朱家花园景观艺术［J］. 绿色科技，2013（05）:92-96.

[36] 薄凌凤 , 杨大禹 , 焦平 . 楠园造园的物质性建构要素之美［J］. 昆明冶金高等专科学校学报，2009，（05）:58-62.

[37] 谢璐璐 , 李煜 , 樊国盛 . 云南明清时期土司衙署园林历史发展分析［J］. 中国园艺文摘，2014，10:51-60.

[38] 梁苑慧．明清时期云南大理地区书院园林的发展及特点［J］．中国园艺文摘，2014，8:86-87.

[39] 梁辉．滇派园林的特色浅析［J］．安徽农业科学，2009，37（21）:10286-10287.

[40] 梁辉，杨桂英．滇派园林发展现状及对策［J］．现代农业科技，2009（4）:71，74.

[41] 赵智聪，刘雪华，杨锐．作为文化景观的风景名胜区认知与保护问题识别［J］．中国园林，2013，29，11:30-33.

作者简介

毛志睿，汉族，博士；昆明理工大学建筑与城市规划学院副教授，硕士生导师。西部人居环境学刊通讯编委。

杨大禹，汉族，博士；昆明理工大学建筑与城市规划学院教授，博士生导师。云南省中青年学术和技术带头人，兼任中国民族建筑研究会民居建筑专业委员会副主任委员；住房城乡建设部传统民居保护专家委员会副主任委员。

公司简介：

武汉农尚环境股份有限公司成立于 2000 年 4 月 28 日，是专业从事市政、房地产、园林古建等领域园林景观绿化工程设计与施工的企业，是国家高新技术企业、湖北省风景园林学会副理事长单位和武汉市城市园林绿化企业协会副会长单位，具备园林绿化施工壹级资质、风景园林设计专项乙级资质、市政公用工程施工总承包叁级资质、古建筑工程专业承包叁级资质、城市及道路照明工程叁级资质，并先后通过了 ISO9001 质量管理体系、ISO14001 环境管理体系和 OHSAS18001 职业健康安全体系认证。

农尚环境以“意匠”为己任，满怀对环境和生活的虔敬，专心致力于城市节约型园林设计与施工、苗木种植、园林养护等智慧艺术的探寻。近二十年来，公司与万科地产、保利地产、世茂地产等优秀房地产开发企业开展长期业务合作，在市政、房地产、园林古建等多元领域挥洒灵感，描绘恣意悠然之作。

公司矢志不渝，以绿色生命的智慧，不懈追求人与建筑、与生态、与情、与景完美相处的艺术，以华中为基础，不断向华东、华北、西北、西南等多地拓展，实现了跨区域经营。公司于 2016 年 9 月 20 日，在深交所正式挂牌上市，成为华中五省园林板块唯一一家上市园林企业。

浙江天姿园林建设有限公司

公司简介

浙江天姿园林建设有限公司创建于1998年，是具备国家城市园林绿化建设壹级、市政公用总承包叁级、园林古建专业承包叁级资质的综合性工程企业，主要从事园林、古建筑工程，市政工程，绿化与养护工程，苗木生产与销售等。

公司拥有530亩苗木基地以及1500余亩横向联合经营的苗木基地，具有一条龙配套施工的服务体系。企业基本员工有312名，其中高级工程师6名，工程师67名，助理工程师52名，建造师15名，园林项目主管36名，高级专业技术人员52名。

公司荣获浙江省中小型科技型企业、浙江省重合同守信用AAA级企业、浙江省信用管理示范企业等荣誉，“天姿”已成为嘉兴著名商标，并取得国际ISO质量、环境、职业健康安全等管理体系认证。在工程建设方面，御上江南项目获浙江省“钱江杯”优质工程奖和国家金奖，吴江皇家·领誉获中国风景园林学会国家金奖，除此之外多次荣获省、市优质工程金奖。

历年来，公司坚持“讲信誉、重服务、树品牌、保质量”的企业宗旨，求真务实，以新颖独特的设计，高质量的施工水平和优质的后期服务，受到了业主以及社会各界的好评。

微信公众号

手机网站

地址：浙江省嘉兴市中环西路 1047 号友谊广场三层
电话：0573-82061889
网站：http://www.zjtzyl.net